U0267933

生化创客之路

基于STEM理念的趣味化学创客作品

刘伟善 ◉ 编著

孙秀清　林玉琼　冯桂英 ◉ 参编

清华大学出版社

北　京

内 容 简 介

本书通过既涉及日常生活又生动有趣的生化工程项目，系统讲解了生化的基本知识和技能，是为生化"发烧友"量身打造的入门宝典。全书共五章。第一章为"厨房化学"，主要介绍了松花蛋、咸鸭蛋、酸豆角、豆腐花、双皮奶、养生奶茶、碳酸饮料、蒸蛋糕、无铝油条的加工技术以及鸡蛋的创新玩法；第二章为"药物化学"，主要介绍洗发水、薄荷膏、护手霜、驱蚊液、84 消毒剂、止咳化痰清润柠檬膏、叶子花免洗手液、中药漱口水的制作方法以及桉树叶精油、橙皮精油、生姜精油的提取方法；第三章为"日用化学"，以实例为基础，主要介绍唇膏、洗衣液、去油清洁剂、肥皂、水果电池、燃料电池、铝空气电池、香薰蜡烛、固体酒精的制备方法以及消毒剂的正确用法；第四章为"趣味化学"，主要介绍"水精灵"、"火花"爆破、"星光四射"、"钻石"晶体、泡泡水、"面粉炸弹"、"水中花园"、环保酵素催化剂的制作方法以及破解指纹密码、清除双面胶胶痕的方法；第五章为"魔术化学"，主要讲解牛奶分层魔术、神奇的碘钟魔术、碘伏"大变脸"魔术、"神水"变色析银魔术、"大象牙膏"魔术、导电灰烬魔术、"神水"显字魔术、橙皮汁破气球魔术、维生素 C 茶水变色魔术的魔术过程，点燃创客的学习热情，揭开化学魔术的神秘面纱。

本书图文并茂，示例丰富，生动有趣，讲解细致透彻，理论联系实际，操作性强。其引用了 50 项国家专利技术供读者学习、模仿与创新，并通过创新思维示意图的方式拓展读者的创新思路；适合作为中小学创客教育、创新教育、劳动教育、科创与 STEM 教育的通识教材，也可作为从事科技创新大赛培训机构和中小学科技教师的指导用书，还可作为大中专高职院校食品工程、食品检测、生物工程等专业以及相关课程的教材或参考书。

图书在版编目（CIP）数据

生化创客之路：基于 STEM 理念的趣味化学创客作品 / 刘伟善编著．—北京：清华大学出版社，2022.4
ISBN 978-7-302-60591-1

Ⅰ．①生… Ⅱ．①刘… Ⅲ．①化学工业—生物工程—青少年读物 Ⅳ．①TQ033-49

中国版本图书馆 CIP 数据核字（2022）第 064816 号

责任编辑：邓　艳
封面设计：刘　超
版式设计：文森时代
责任校对：马军令
责任印制：曹婉颖

出版发行：清华大学出版社
　　　　　网　　　址：http://www.tup.com.cn，http://www.wqbook.com
　　　　　地　　　址：北京清华大学学研大厦 A 座　　　　邮　　编：100084
　　　　　社 总 机：010-83470000　　　　　邮　　购：010-62786544
　　　　　投稿与读者服务：010-62776969，c-service@tup.tsinghua.edu.cn
　　　　　质量反馈：010-62772015，zhiliang@tup.tsinghua.edu.cn
印 装 者：三河市少明印务有限公司
经　　销：全国新华书店
开　　本：185mm×260mm　　　印　　张：12　　　字　　数：300 千字
版　　次：2022 年 6 月第 1 版　　　印　　次：2022 年 6 月第 1 次印刷
定　　价：49.00 元

产品编号：094467-01

前　言

近年来科学技术迅速发展，生化工程技术更是突飞猛进，一波又一波的信息革命浪潮席卷而来。生化工程已经发展成为世界新技术革命中的一项综合的技术体系，在开发与应用方面展现了广阔前景。2020 年全球新冠肺炎疫情暴发以来，在开展新冠疫情防控工作的过程中，我国研发的可吸入式新冠疫苗顺利获得权威认证，证实了我国在疫苗研发工程领域的强大实力。因此，生化工程技术的崛起能够带给我们无尽惊喜。

2015 年，政府工作报告首次出现"创客"一词，并专门提到"大众创业，万众创新"，当年笔者也申报了广东省教育科研规划课题《基于项目学习的高中创客教育实践研究》并获得立项。历经六年多的刻苦钻研，我们先后开发了《Arduino 创客之路——智能感知技术基础》《Python 人工智能》《生化创客之路：基于 STEM 理念的趣味生物创客作品》《生化创客之路：基于 STEM 理念的趣味化学创客作品》《Python 无人机编程》的课程并得以实施，使学生的实践创新能力得到了很大提高。但是，在创客教育课程教学中，我发现很多老师把创客教育与编程教育画上等号，把不懂编程的热爱创造人士拒之于创客教育门外，扭曲创客教育。其实，从创客概念上来理解，创客教育包含非编程模式。直到国内兴起 STEM（Science、Technology、Engineering、Mathematics 的简称）教育浪潮，我带领生化创客导师团队在普通高中开展非编程的生化工程领域创客教育实践活动，试图在课程建设方面有所突破，并推动跨学科融合培养的教育模式，让探索发现成为学生学习的动力，培养学生深度学习的能力，造就学生成为有创造力的思考者、问题解决者和创新发明者。

沿着自己探索生化工程技术创新之路，秉承"让学习变得更好玩"的教育理念，我们创客导师团队整理创客作品并编册成书，供热心于非编程的学生和社会人士使用。书中精选最贴近生活的、浅显易懂的实际案例，采用手把手实例讲解的方式，引入相关专利技术方案摘要，激发学生创新思维。本书通过思维导图引导创客掌握模仿、微创、错位、越位、包容等创新方法，提高创新意识；解决初学者可能遇到的门槛问题，帮助初学者少走弯路，迈好踏入生化工程殿堂的第一步，打好生化知识基础。这对引导学生开展深入探究与实践，激活学生的创造性思维与创新意识，提升学科核心素养起到了积极的作用。期待此书能为社会培养更多的生化工程技术人才。

本书是一本生化创客项目设计的科创教程，作为创新教育思维课程，全书共分为五章。

第一章：厨房化学。通过松花蛋、咸鸭蛋、玩转鸡蛋、酸豆角、豆腐花、双皮奶、奶茶、碳酸饮料、蛋糕、无铝油条制备的真实日常生活案例，沿着厨房食品创造之路，让创客开始学习化工技术在生活中的应用，解决厨房食品问题，从而揭开厨房化学的神秘面纱。让创客掌握 STEM 理念创造的基本思想与方法，培养创客的设计思维与创造性思维，提高创客的实践创新能力。第二章：药物化学。通过洗发水、薄荷膏、护手霜、桉树叶精油、橙皮精油、生姜精油、驱蚊液、84 消毒剂、止咳化痰清润柠檬膏、叶子花免洗手液、中药漱口水的制备项目的学习与实践，让创客掌握药物化学制作的一般流程与创新方法。以 STEM 教育理念为指导，开展项目学习，让创客体验研究和创造的乐趣，培养创客的创新意识与能力，进一步提升学生的劳动素养。第三章：日用化学。从一些日常生活的实例出发，在唇膏、洗衣液、去油清洁剂、肥皂、水果电池、燃料电池、铝空气电池、香薰蜡烛、固体酒精的制备过程与消毒剂的正确用法中让创客们学习微创新、微改造、错位创新、模仿创新的方法，拓展创客的视野，掌握日用化工技术。同时把抽象的化学知识变为形象具体的趣味创客活动，让创客尽快掌握日用品中的化学基础知识。第四章：趣味化学。通过"水精灵"、"火花"爆破、"星光四射"、"钻石"晶体、破解指纹密码、泡泡水、"面粉炸弹"、"水中花园"、清除双面胶胶痕、环保酵素催化剂趣味化学项目的开发与制作，为读者揭开趣味化学的神秘面纱，让读者感受趣味化学实验技术的奥妙。第五章：魔术化学。通过牛奶分层魔术、神奇的碘钟魔术、碘伏"大变脸"魔术、"神水"变色析银魔术、"大象牙膏"魔术、导电灰烬魔术、"神水"显字魔术、橙皮汁破气球魔术、维生素 C 茶水变色魔术，让创客参与其中，亲身体验化学魔术的神奇，点燃创客对化学的热情。让创客像科学家那样去探索生命活动中的各种神秘现象，提升自己的化学科学与实践创新素养。

使用本书时，建议读者通读目录，精读章首导言。章首导言叙述了该章的学习目的、学习目标和学习内容，让读者对该章有一个总体认识，也让读者在学完该章后进行自我评价时有个参照标准。在学习的过程中，读者会发现书中有一些黑体字的栏目，如"知识链接""项目任务""探究活动""想一想""成果展示""思维拓展""想创就创"，它们可以帮助读者更好地理解课文的内容，指导读者开展学习活动。例如，"知识链接"是为完成学习目标而设置的相关知识内容；"项目任务"是为明确学习任务而设的；"探究活动"是让读者在学习活动中培养团体合作意识和创新意识，提高研究能力；"成果展示"是一项众创众智的举措，让读者自觉践行知识分享的创客精神；"思维拓展"是告诉读者在课本知识之外还可以做什么创新，构建创造性思维，引导创新；"想创就创"是本节课相关知识的发明专利文摘，让读者有一个模仿创新的模板，引导读者创新。

在本书的编写过程中，并得到了许多化学老师的支持，他们提出了很多宝贵的意见和建议，在此深表谢意。其中，孙秀清老师为本书提供桉树精油制取等 15 个课例与习题，约 5.2 万字；林玉琼老师为本书提供铝空气电池等 12 个课例与习题，约 5.1 万字；冯桂英老师为本书提供松花蛋等 16 个课例与习题，约 5.1 万字，在此一并致谢。

由于编写时间仓促，部分引用文献未能注明出处，编者水平有限，书中疏漏或不妥之处在所难免，敬请广大读者、同人不吝赐教，予以指正。

编　者

目　　录

第一章　厨房化学

导言

在人类发展史上，化学对社会的发展和人类的进步起到了非常重要的作用。生活中，我们常常惊叹于化学物质五彩缤纷的成分、奇特的结构、神奇的力量，以及变幻莫测的变化规律。事实上，化学是离我们最近的一门学科，它的影子无时无刻不在我们身边闪烁。生活的每一部分都是我们与化学联系的一个过程。它渗透到人类生活的方方面面，与人类的衣、食、住、行以及能源息息相关。可以说，厨房是化学试剂的集中区，在我们的生活中是必不可少的。

本章将通过松花蛋、咸鸭蛋、玩转鸡蛋、酸豆角、豆腐花、双皮奶、奶茶、碳酸饮料、蛋糕、无铝油条制备的真实日常生活案例，沿着厨房食品创造之路，让创客开始学习化工技术在生活中的应用，解决厨房食品问题，从而揭开厨房化学的神秘面纱。让创客掌握 STEM 理念创造的基本思想与方法，培养创客的设计思维与创造性思维，提高创客的实践创新能力。

本章主要知识点

- ➢ 自制松花蛋
- ➢ 自制咸鸭蛋
- ➢ 玩转鸡蛋
- ➢ 自制酸豆角
- ➢ 自制豆腐花
- ➢ 自制双皮奶
- ➢ 自制养生奶茶
- ➢ 自制碳酸饮料
- ➢ 自制蒸蛋糕
- ➢ 自制无铝油条

第一节　自制松花蛋

知识链接

松花蛋又称皮蛋、变蛋，是以鸭蛋为主要原料，掺入生石灰、茶粉、纯碱、植物灰、食盐等制成的一种特殊风味食品。松花蛋蛋壳易剥不粘连，蛋白呈半透明的褐色凝状固体，蛋白表面有树枝状花纹，蛋黄呈深绿色，北方喜做凉拌，南方用于煲粥。它营养丰富，味道鲜美，能增进食欲。皮蛋不仅是美味佳肴，而且还有一定的药用价值。中医认为皮蛋性凉，可治眼疼、牙疼、耳鸣眩晕等疾病，火旺者最宜。

松花蛋的腌制方法大同小异，制作过程略有不同。浸泡过程中，皮蛋的腌制时间比较短，如何控制浸泡时间？笔者用的方法是这样的：快到成熟的时候，拿出一个，打开观察，控制后续的浸泡时间。室温高于 32℃，一般不适合浸泡，因为容易变质。皮蛋成熟后，清洁表面并存放在冰箱或低温环境中。

松花蛋的腌制是一个复杂、缓慢的化学反应过程。鸭蛋的蛋白属于蛋白质，蛋白质由多个氨基酸脱水缩合形成，化学结构上有一个碱性的氨基（-NH$_2$）和一个酸性的羧基（-COOH），因此它既能跟酸性物质反应又能跟碱性物质反应。皮蛋粉里含有生石灰，与水反应生成强碱，方程式是 $CaO+H_2O=Ca(OH)_2$，此反应放出热量。在腌制过程中，强碱经蛋壳渗入蛋白和蛋黄，与蛋白质作用，使蛋白质变性，强碱不仅可以与蛋白质中的氨基反应生成氨气，还可以与羧基发生中和反应，故呈现出一个漂亮的外形凝结在蛋清中。蛋白质中含有 C、H、O、N 元素，还会含有 S、P 等元素。在腌制的过程中，也有可能产生硫化氢，加上氨气有特殊的气味，因此新腌制的松花蛋放置一段时间再吃更好。在食用松花蛋时，可以加点陈醋，醋能杀菌，又能中和松花蛋的一部分碱性，吃起来也更美味。

腌制松花蛋的关键地方：① 选择新鲜的鸭蛋，最好不要选放在冰箱保存的鸭蛋；② 尽量不要选择温差大的天气做，气温高于 32℃不适合做，因为温度太高容易变质；③ 皮蛋粉可以网上购买，也可以自己调配，皮蛋粉的成分含有石灰粉、纯碱、食盐、草木灰等，调配的比例有所不同。一般石灰粉不能太少，生石灰与纯碱的质量比一般是 3～4 居多，生石灰的量要多，这样黏附性好。

松花蛋可以做各式各样美味的菜肴，常见的食用方法：沾佐料吃，如酱油、辣椒酱等；拌姜片或啤酒食用；混合各种食物，如皮蛋豆腐、糖醋皮蛋、皮蛋瘦肉粥等。

项目任务

1．了解松花蛋的制备原理。
2．掌握松花蛋制作的基本步骤。
3．学习松花蛋的品质鉴别。

探究活动

所需器材：鸭蛋数个，皮蛋粉（成分：石灰、食用碱、草木灰、盐等）一包，保鲜袋 1 个，陶瓷碗 1 个，汤匙 1 个。

探究步骤

（1）清洗鸭蛋，晾干，如图 1.1 所示，鸭蛋不能有水，否则容易坏。

（2）泡好过滤掉茶叶的凉茶水备用，也可以是凉开水，准备一包皮蛋粉，如图 1.2 所示。

（3）往瓷盆倒入皮蛋粉，加凉茶水或者凉开水，搅拌使之均匀成糊状，黏稠度为放一个鸭蛋下去，鸭蛋不沉下去为准，静置冷却一段时间备用，如图 1.3 所示。

（4）鸭蛋放入皮蛋粉里均匀地裹一层皮蛋粉泥，一定要全面裹上粉泥，然后用汤匙取出，如图 1.4 所示。

（5）将裹好的鸭蛋放进塑料袋里扎紧密封，放在桌子上等待成熟，如图 1.5 所示。

（6）鸭蛋的成熟时间看天气，23℃～32℃，3～5 天成熟；15℃～25℃，4～5 天成熟；10℃～20℃，6～7 天成熟。注意要提前拿出一个来观察。鸭蛋成熟得快老得也快，如果蛋黄有水，则不能再腌制了，如图 1.6 所示。

图 1.1　清洗晾干

图 1.2　准备皮蛋粉

图 1.3　调制糊状

图 1.4　包裹粉泥

图 1.5　密封保存

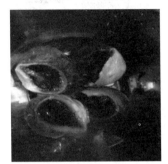
图 1.6　判断成熟

（7）将腌好的松花蛋拿出来洗干净，晾干水分后放冰箱保存。

想一想

1．皮蛋粉不能溶解在金属铝制容器中，为什么？
2．溶解的皮蛋粉为什么要静置一段时间才能使用？

温馨提示

溶解过程中要不断搅拌，切勿一下子溶解大量的碱石灰。

成果展示

做好的鸭蛋壳易剥、不粘，蛋清为棕色透明胶体，蛋清表面呈树枝状，蛋黄呈深绿色，如图 1.7 所示。这说明漂亮的松花蛋已腌制成功了，您可以让身边的亲友品尝并分享您的成果，还可以创建 DV 并将其发送到朋友圈，让更多人可以分享您的成果。

图 1.7　漂亮的松花蛋

思维拓展

类似于松花蛋的腌制法，用来给鸡蛋、鹌鹑蛋、盐焗鸡、猪肉等腌制，只是外面裹上了一层盐。能否改进松花蛋的腌制材料和工艺，从而快速有效地大量生产皮蛋？我们还可以从哪些方面进行创新？其实，您还可以从工艺创新、品种创新、包装创新、装置创新、应用创新、配方创新等方面扩展创新思维形成您的创意，如图 1.8 所示为松花蛋腌制创新思维示意图。

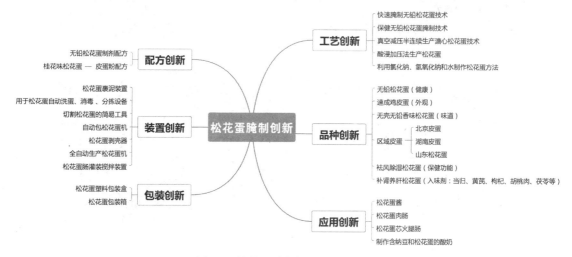

图 1.8　松花蛋腌制创新思维示意图

想创就创

天津科技大学的刘会平、季玲、韩智飞、马丽、曹春玲等人发明了一种快速腌制无铅松花蛋的方法，其国家专利申请号：ZL201010587188.6。

本发明涉及一种快速腌制无铅松花蛋的方法，在松花蛋腌制时采用减压腌制的方法，其腌制容器内部真空度为-0.05～-0.1MPa，腌制 5～10 天，所述松花蛋腌制后涂抹石蜡的方法为：配制含 20～50g/L 凡士林的液体石蜡作为皮蛋的涂膜剂，将松花蛋浸入 3～5s 后取出，涂膜结束。本发明中在松花蛋的腌制时，将腌制容器减压抽真空，吸入配制好的料液，使原料蛋在真空条件下浸泡，真空条件加大腌制料液的渗透压，同时负压能够快速、均匀地传递到整个腌制容器的各个部分，不受鸭蛋形状、体积的限制。本腌制方式加快了料液对鸭蛋的渗透速度，使鸭蛋的出缸时间缩短到 7 天、成熟时间缩短 25 天，大大缩短了松花蛋的生产周期。

请您下载该专利技术方案并认真阅读，找出它的创意和创新点，想想自己有什么启发。模仿以上专利技术创新方法，自己在家制作腌鸡蛋或鹌鹑蛋。

第二节　自制咸鸭蛋

知识链接

咸鸭蛋，又叫青皮、青蛋、盐鸭蛋、腌鸭蛋，古称咸杬子，是中国人厨房中的特色菜肴。

咸鸭蛋在中国历史悠久，深受老百姓的喜欢，在市场上也备受青睐，因蛋壳呈青色，外观圆润光滑，常被称为"青蛋"。咸鸭蛋是以新鲜鸭蛋为主要原料经过腌制而成的再制蛋，营养丰富，富含脂肪、蛋白质及人体所需的各种氨基酸、钙、磷、各种微量元素、维生素等，易被人体吸收，咸味适中，老少皆宜，是佐餐佳品，色、香、味均十分诱人。

南北朝时的《齐民要术》中就有记述："浸鸭子一月，煮而食之，酒食具用。"这说的就是咸鸭蛋，其后历代均有记载。北宋时期市场有售，见《东京梦华录》。高邮咸鸭蛋有双黄者尤见珍贵，1909 年在南洋劝业会上曾获得很高荣誉，现在出口十余个国家和地区。

咸鸭蛋中的蛋白质和脂肪经过腌制，盐分 NaCl 进入蛋里，蛋白质经高浓度盐的作用，发生了缓慢的变性凝固，脂肪从蛋白质挤入蛋黄，盐分渗入蛋内，蛋黄中的一部分水分就被迫往外渗透，于是脂肪浓缩积聚，因此盐鸭蛋切开，蛋黄里有明显的油。咸鸭蛋虽好，但因 NaCl 浓度较高，不宜多食。人每天的 NaCl 摄入量不宜超过 6g，经常食用咸鸭蛋会超出机体的需要量，容易导致水肿，增加肾脏的负担。

咸鸭蛋的腌制方法很多，有黄沙腌制、饱和盐水腌制、面糊腌制、白酒浸泡、香辣咸蛋腌制、五香咸鸭蛋腌制等。不管用什么方法，腌制原理都是一样的。以上制作步骤原料简单，在家即可试用，天然健康。腌制的食物即耐保存，又别有一番风味，适合做一些饭前小菜。

腌制鸭蛋成功的关键：① 选择细盐粉，盐粉容易黏附，包裹鸭蛋的盐粉量一定要够，腌制的时间比较长，盐分太少容易用完，本次腌制的时间为 25 天，打开后发现盐粉已经基本没有了；② 选择高浓度的白酒，浓度越高越好，能杀菌消毒，还能增加酒香味。

项目任务

腌制咸鸭蛋。

探究活动

所需器材： 咸鸭蛋数个，52%以上高度白酒半碗，细盐 NaCl 小半碗，抽纸巾一包，保鲜膜 1 卷，保鲜袋若干个。

探究步骤

（1）把咸鸭蛋洗干净，晾干，无水为止，如图 1.9 所示。

（2）在碗里倒入小半碗白酒和小半碗盐，把鸭蛋在白酒里面滚一滚，再把鸭蛋在盐里滚一滚，裹满盐，如图 1.10 所示。

（3）将鸭蛋用纸巾裹好，纸巾用白酒湿润，再把裹好纸巾的鸭蛋在盐里滚一滚裹满盐，如图 1.11 所示。

图 1.9　清洗晾干

图 1.10　蘸酒蘸盐

图 1.11　再蘸酒蘸盐

（4）将裹好盐的鸭蛋用保鲜膜单个包好，如图 1.12 所示。

（5）准备一个干净的保鲜袋，把裹好盐的鸭蛋一个一个地放入，再撒些白酒和盐，密封好保鲜袋，如图 1.13 所示。

 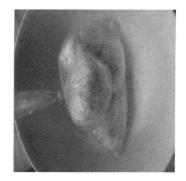

图 1.12　保鲜膜包裹　　　　　　　　图 1.13　密封

（6）腌制：夏天 20～30 天开食，冬天 38～42 天最好。

想一想

1. 使用高浓度的白酒有什么作用？
2. 盐在这里起了什么作用？

温馨提示

1. 本实验要用到高浓度的白酒，主要成分是乙醇，不能饮用。
2. 高浓度的酒可以燃烧，注意明火。

成果展示

腌制好的咸鸭蛋如图 1.14 所示。这意味着咸鸭蛋已经腌制成功。大家可以让身边的亲友品尝，分享成果，还可以创建 DV 并将其发送到朋友圈，让更多人可以分享这一成果。

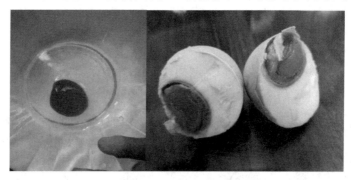

图 1.14　腌制好的咸鸭蛋

思维拓展

用盐腌制的东西，自古以来都有很多，如萝卜、咸菜、腌肉、咸鱼等。盐是一种调味剂，也是一种防腐剂。既然能用盐腌制咸鸭蛋，同样也可以腌制鸡蛋、鹌鹑蛋等，甚至可以添加其他的调味料，如用八角、花椒、辣椒来腌制不同风味的食品。古人腌制食物，主要是考虑到腌制食物的保存时间长；现在腌制食物主要是从味觉上考虑，制作色香味俱全的食物。从咸鸭蛋的制作工艺来看，还可以对咸鸭蛋进行哪些创新？其实，您可以从工艺、原料、配料、包装、装置、应用等方面扩展创新思维形成您的创意，如图1.15所示为咸鸭蛋腌制创新思维示意图。

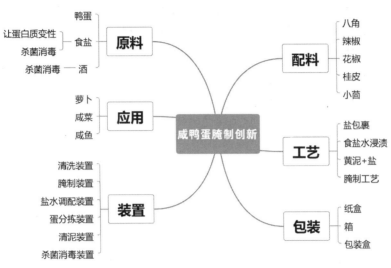

图1.15　咸鸭蛋腌制创新思维示意图

想创就创

湖北的刘华桥发明了一种盐分适宜的咸鸭蛋腌制方法，其国家专利申请号：ZL200710052651.5。

本发明涉及一种盐分含量适宜的咸鸭蛋的腌制方法，将鲜鸭蛋经过挑选清洗，放入盐水腌制液中浸泡腌制，盐水腌制液中食盐的含量按重量计为20%～28%，腌制的温度保持在20℃～26℃，腌制浸泡时间为5～20天。在此期间抽查腌制鸭蛋蛋白盐分含量，当鸭蛋蛋白的盐分含量按重量计达到3.0%～3.5%时，将鸭蛋从盐水腌制液中取出，沥干后保温空放5～20天，保温温度保持在20℃～30℃，使蛋白中的盐分进一步渗透到蛋黄并使蛋黄结珠即成。本发明两段式腌制方式腌制的咸鸭蛋的盐分含量适宜，口味咸淡可调，不仅提高了咸鸭蛋的口感，也使其更具食用和营养价值。本发明腌制时间较短，生产工艺简便，不仅有利于大批量生产，还可以提高生产效率。

请您下载该专利技术方案并认真阅读，找出它的创意和创新点，想想自己有什么启发。模仿以上专利技术创新方法，自己在家制作五香咸鸭蛋。

第三节　玩转鸡蛋

知识链接

鸡蛋，其外有一层硬壳，内则有气室、卵白及卵黄部分，富含胆固醇，营养丰富。一个鸡蛋重约 50g，含 8%的磷、4%的锌、4%的铁、10%的蛋白质、6%的维生素 D、3%的维生素 E、6%的维生素 A、2%的维生素 B₁、5%的维生素 B₂、4%的维生素 B₆。这些营养都是人体必不可少的，它们起着极其重要的作用，如修复人体组织、形成新的组织、消耗能量和参与复杂的新陈代谢过程。鸡蛋所含蛋白质的氨基酸比例很适合人体生理需要、易为机体吸收，利用率高达 98%以上，营养价值很高，被人们誉为"理想的营养库"。

我们小时候玩过一个游戏，拿一个生鸡蛋在桌面上旋转，基本转不起来，但拿一个煮熟的鸡蛋同样旋转，它便可以像陀螺一样旋转起来。我们就用这个方法来判断鸡蛋是生的还是熟的。为什么？现在我们从化学学科知识上认识鸡蛋的变化。在加热过程中，鸡蛋中的蛋白质会失去生理活性而凝固，称为蛋白质变性。在受热、强酸、重金属盐作用下，蛋白质都会发生变性反应。另外，我们要知道鸡蛋清（主要成分是蛋白质）是一种胶体，遇到轻质盐（如食盐）会降低其在水中的溶解度，所以水煮鸡蛋前先在水中放点食盐泡一会儿再加热煮沸，有利于蛋清脱离鸡蛋壳而容易剥壳。我们日常生活中，吃鸡蛋的花样很多，如最简单的水煮鸡蛋、煎鸡蛋、蒸鸡蛋、鸡蛋羹、客家蛋角、蛋炒饭等，鸡蛋可谓是我们生活的必备食物之一。

项目任务

掌握生鸡蛋与熟鸡蛋的简单区分方法，了解鸡蛋的主要成分，了解蛋白质变性，掌握怎样煮鸡蛋既不易破壳又容易剥壳。

探究活动

所需器材：鸡蛋、食盐、0.2mol/L 硫酸铜溶液、浓硝酸、2 支小试管、胶头滴管、烧杯、石棉网、铁三角、酒精灯、火柴。

探究步骤

活动一：烧杯酒精灯煮鸡蛋

（1）往大烧杯中加入 60mL 自来水，加点食盐，将清洗干净的鸡蛋小心地放进大烧杯的水溶液中，水面刚好浸没鸡蛋为宜，如图 1.16 所示。

（2）将装有鸡蛋的大烧杯放置在三脚架上，点燃酒精灯加热至沸腾，如图 1.17 所示。

图 1.16　鸡蛋放入盐水烧杯中　　　　　图 1.17　水煮鸡蛋

（3）沸腾 5 分钟左右，停止加热，如图 1.18 所示。

（4）用冷水缓冲烧杯中的开水，等到触感可以接受的温度时，取出鸡蛋剥壳品尝，如图 1.19 所示。

图 1.18　停止加热

图 1.19　剥壳品尝

活动二：蛋白质遇化学试剂变性

（1）敲烂一个鸡蛋壳，用胶头滴管吸出少量鸡蛋清到小试管中，滴加几滴硫酸铜溶液，观察蛋清的变化，我们会看到蛋清逐渐凝固成蓝色沉淀，如图 1.20 所示。

（2）用胶头滴管吸出少量鸡蛋清到小试管中，滴加几滴浓硝酸，加热，观察蛋清变化，我们会看到蛋清与浓硝酸混合加热后变黄并凝固，如图 1.21 所示，并闻到少许刺激性的气味。

图 1.20　硫酸铜溶液滴到鸡蛋清中

图 1.21　浓硝酸滴到鸡蛋清中

结论：盐水煮鸡蛋是一种健康的食用鸡蛋做法，但平时存放鸡蛋的环境要注意安全，千万不要碰到重金属盐或强酸强碱类的物质，这些物质会经过蛋壳渗透到鸡蛋内部，与蛋清发生化学反应，生成对人体有害的物质。

想一想

1．为什么有时水煮鸡蛋会烂壳？有人说鸡蛋和牛奶不能一起吃，有依据吗？
2．不小心服用了含重金属的盐水，有人要你立刻吞食生鸡蛋清后驱呕，有用吗？

温馨提示

1．使用点火器时一定要小心，切勿玩火。
2．煮熟的鸡蛋外壳温度很高，切勿心急食用，以免烫伤。

成果展示

第一次尝试用烧杯酒精灯水煮鸡蛋，特别新奇。刚煮熟的鸡蛋非常漂亮，蛋清晶莹剔透，蛋黄呈黄色的凝胶状，在视觉上很开胃，如图 1.19 所示。这意味着烧杯酒精灯水煮鸡蛋很成功。您可以让身边的亲友品尝，分享成果，还可以创建 DV 并将其发送到朋友圈，让更多人可以分享这一成果。

思维拓展

你喜欢怎样吃鸡蛋？水煮的还是油煎的？溏心的还是全熟的？其实，您可以从工艺、品种、包装、装置、智能、颜色等方面扩展创新思维形成您的创意，如图 1.22 所示为鸡蛋的创新思维示意图。

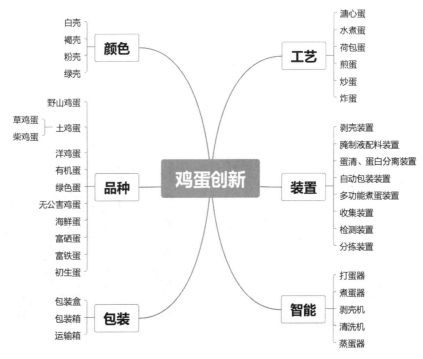

图 1.22　鸡蛋的创新思维示意图

想创就创

北京德青源农业科技股份有限公司的卢晓明、司伟达、王旭清、刘旭明等人发明了一种烟熏鸡蛋的制备方法，其国家专利申请号：ZL201110170578.8。

本发明涉及一种烟熏鸡蛋及其制备方法，该烟熏鸡蛋主要由以下方法制备：① 将鸡蛋煮熟，冷却后敲打鸡蛋使鸡蛋产生裂纹，然后浸泡于盐水中取出，剥离鸡蛋壳，进行烘干；或将鸡蛋煮熟，剥离鸡蛋壳，浸泡于盐水中取出，进行烘干。② 将步骤①中得到的鸡蛋放入烟熏炉中进行熏制。③ 取出鸡蛋进行真空包装并灭菌。通过上述方法制备的烟熏鸡蛋不仅具有熏烟中产生的酚类物质的特有的香味，还具有诱人的色泽。本发明提供的烟熏鸡蛋的制备方法没有使用传统烟熏加工工艺，严格控制发烟温度，最后将产品真空包装后灭菌，使其获得了较长的保质期，提高了食用安全性。

请您下载该专利技术方案并认真阅读，找出它的创意和创新点，想想自己有什么启发。模仿以上专利技术创新方法，自己在家创新一种鸡蛋清洗装置。

第四节 自制酸豆角

知识链接

腌酸豆角是一道以豆角作为主要食材，以盐、料酒、生姜、蒜、花椒粉、葱、姜、辣酱、生抽等作为调料腌制而成的美味菜肴。其蛋白质、碳水化合物非常丰富，还有多种维生素和矿物质，可以促进肠道内消化液的分泌，增加肠道蠕动的速度、增进食欲，辅助消化。开胃腌菜经常用于下饭，做成各式各样的菜肴。经常吃酸豆角还可以软化血管，对于动脉硬化性脑血管疾病有很好的辅助治疗作用。

腌制酸豆角的方法有很多，下面讲述的是速成方法。酸豆角腌得好不好看颜色，一般夏天五六天左右，冬天时间要久一点。制作过程中，要选择透明的玻璃瓶，方便观察颜色的变化情况。此法制备的酸豆角不宜多，一般为一两顿吃完的量，吃完再做。腌制豆角需要放大量的盐，高浓度的盐渗入到食物组织内，提高其渗透压，降低水分活度，食物开始脱水，并有选择性地抑制微生物和酶的活动，使豆角被氧化和脱水过程中不长斑，不发霉。

酸豆角腌制成功的关键：① 盐要适量，不能放太少，盐少了容易滋生细菌发霉，多了太咸，吃之前要过水，过水会浪费一部分的营养物质；② 密封性一定要好，本次操作用的是水封，盘里的水不能太少，时间久了，水会挥发，要及时补充。

盐是调味剂，也是防腐剂，用盐来腌制的食品，基本原理一样，高浓度的盐使食物脱水，同时能防止细菌滋生，达到腌制的效果。盐越多，食物越不容易变质，保存时间越久，人每天需盐的摄入量不宜超过 6g，摄入太多对身体不好，所以腌制食物要少吃。市面上腌制的食物，特别是肉类食物，会添加亚硝酸钠（$NaNO_2$），适量的 $NaNO_2$ 能使肉的颜色保持鲜美，多了会损害人体健康。

项目任务

1. 了解酸豆角的腌制原理。
2. 掌握酸豆角的基本腌制方法。
3. 学习酸豆角的成品的鉴定，品评。

探究活动

所需器材：豆角 500g，食盐 20g，小刀 1 把，玻璃罐子 1 个，稻秆少许或保鲜膜，盘子 1 个。

探究步骤

（1）鲜豆角 500g 洗干净，晾干备用，如图 1.23 所示。

（2）用刀切成小粒，加入 7～8 小勺（约 20g）盐抓匀，放置 5 分钟，让盐均匀地包裹在豆角上，等到豆角变成翠绿色，如图 1.24 所示。

（3）先放一层豆角在玻璃罐里，玻璃罐不宜太大，最好一两顿能吃完的容量，放一层豆角，上面压紧，再放一层豆角，再压紧，如此类推，直到整个玻璃瓶都装满豆角，一定要压紧装瓶，如图 1.25 所示。

（4）玻璃瓶上面塞上稻秆，如果没有，用其他东西代替。例如，可以用保鲜袋塞紧瓶口，塞到一定的高度，直到倒扣豆角不会掉下来为止，如图 1.26 所示。

图 1.23　清洗晾干

图 1.24　放盐腌豆角

图 1.25　压紧装瓶

（5）一个盘子装满水，把装好豆角的玻璃瓶倒扣在水中，水位不能超过保鲜袋的高度，放置一段时间，如图 1.27 所示。

（6）每天观察豆角的颜色，当颜色变黄时就可以食用了，温度在 30℃ 以上时大概需要 5 天左右，如图 1.28 所示。

图 1.26　塞紧瓶口

图 1.27　倒扣水中

图 1.28　观察颜色

想一想

1．装好豆角的玻璃瓶为什么要倒扣在水中，这一步有什么作用？
2．腌制肉类食品一般会使用亚硝酸钠（$NaNO_2$），它的利、弊各是什么？

温馨提示

防止玻璃瓶摔破，易伤手。

成果展示

腌制好的酸豆角如图 1.29 所示。这意味着酸豆角腌制成功了，大家可以让身边的亲友品尝，分享成果，还可以创建 DV 并将其发送到朋友圈，让更多人可以分享这一成果。

图 1.29　腌制好的酸豆角

思维拓展

日常生活中，盐腌食品有很多，如咸蛋、咸菜、咸西瓜、咸鱼、腊肉等。酸豆角除了用盐腌制，还有很多制作方法。腌制食品时，有时会加入高浓度白酒，高浓度白酒不仅具有酒香，而且具有防腐、杀虫作用。这些所需的制备方法、材料和工艺都比较简单，我们可以根据自己的需要腌制不同口味的食物。通过酸豆角的腌制，我们还可以从哪些方面进行创新？其实，您可以从工艺、品种、包装、装置、调味、应用等方面扩展创新思维形成您的创意，如图1.30所示为酸豆角腌制创新思维示意图。

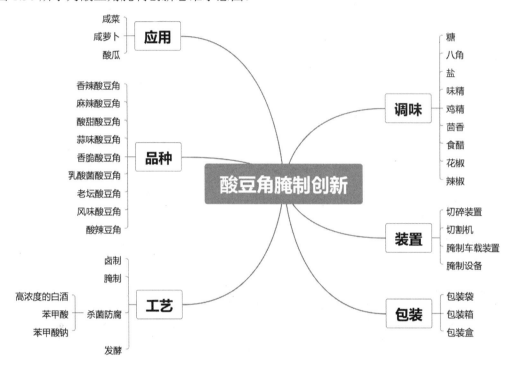

图 1.30　酸豆角腌制创新思维示意图

想创就创

南宁市绿宝食品有限公司的唐宏楷发明了一种酸豆角的制备方法，其国家专利申请号：ZL201410697024.7。

本发明公开了一种酸豆角的制备方法，步骤包括：① 将嫩豆角洗净后撒上7%～9%的生盐搓揉10～15分钟软化后，静置15～20分钟；② 常温常压下，烧开洗米水后冷却到65℃～70℃，然后将豆角放入所述洗米水中浸泡8～10分钟后，1～2分钟内降至常温继续浸泡36～48小时，打捞起来晾干；③ 将豆角压干水分，入坛，加入柠檬汁3%～8%、红糖酸1%～1.2%、酵母菌1%～1.2%、苹果汁3%～5%、枸杞1.3%和蛋清液1.3%，其余为冷开水的溶液中，搅拌均匀后，将豆角压紧使水面盖过豆角表面，保持温度16℃～20℃，密封坛口，发酵酸化50～58小时；④ 将豆角打捞起来滤水，置于浓度为3%～3.5%的盐水中浸泡5～6天后打捞起来晾干；⑤ 加入螺旋藻3%～5%、蜂蜜1%～1.5%和维生素E 0.1%～0.5%与豆角混合密封泡制24～30小时，即得健康可口的酸豆角食品。

请您下载该专利技术方案并认真阅读，找出它的创意和创新点，想想自己有什么启发。模仿以上专利技术创新方法，自己在家创新一种酸豆角的制备方法或者红糟酸豆角的制备方法。

第五节　自制豆腐花

知识链接

豆腐花是用黄豆磨成浆，把豆浆浓缩凝固而成，含有丰富的植物蛋白质和多种微量元素。豆腐花营养丰富，口感细嫩柔软，依据各地口味的不同要求，可以调制不同口味的营养食品，可甜可咸，而且价格便宜；也可以进一步加工，做成豆腐，制作各式各样的美味佳肴，深受大众的喜欢。

黄豆在水里浸泡一段时间，发胀变软后，磨成豆浆，过滤去渣，滤液煮开，得豆浆，这时候，豆浆里的蛋白质胶粒不停地在运动，不凝聚，形成胶体状态。要使豆浆胶体凝固成豆腐花，化学上叫作胶体的聚沉。胶体的聚沉方法有多种，其中之一是往胶体里加入凝固剂，日常生活中常用的凝固剂有盐卤、石膏和内酯，盐卤主要含氯化镁，石膏是硫酸钙，豆浆变豆腐，这个过程称为点卤。豆浆胶体粒子直径大小介于 1～100nm（纳米），胶粒因具有吸附作用而带电荷，同种胶粒带同种电荷，因此胶粒与胶粒之间互相排斥，颗粒不会粘在一起变大，不会沉淀下来。电解质能在水里电离出阴、阳离子，这些离子做无规则运动，到处与胶粒碰撞，把胶粒表面所带的电荷中和了，导致胶粒不带电；胶粒间互相吸引，使胶粒变大，发生凝固，在溶液中变成沉淀析出来，豆腐就是豆浆胶体聚沉的产物。

豆腐花制作的关键地方：① 黄豆与水量的选择，豆浆不能太稀，太稀难凝固，太浓做出来的豆腐花比较硬，不嫩；② 加入内酯的温度不能太高，太高会出现沉淀太快，造成老化失嫩；温度也不能太低，否则，难以成型，一般温度在 85℃左右效果最好。在制作过程中，加热豆浆煮沸时，可以选择添加一些调料，按个人的喜好来添加，如糖、绿豆、马蹄等。

胶体分为气溶胶、液溶胶、固溶胶三大种类。常见的胶体有血液、雾、云、牛奶、豆浆等，点卤就是胶体的聚沉。胶体的聚沉在日常生活中应用广泛，如明矾净化饮用水、用石膏或盐卤点制豆腐、江河入海口形成三角洲等。地理中国栏目有个片段，专家初步检验小溪里电解质成分含量的高低，用的就是豆浆。把溪水倒入豆浆里，发现豆浆上面漂着一层豆腐花，说明溪水里电解质含量比较高，这些与胶体的知识有关。

项目任务

1. 了解豆腐花制作的原理。
2. 掌握豆腐花制作的基本步骤与所需的基本材料。
3. 学习豆腐花品质的鉴赏和改良的思路。

探究活动

所需器材：黄豆 150g，豆浆机 1 个，双层纱布 1 张，漏勺 1 个，煮锅 1 个，内酯 3g，干净筷子 1 双（搅拌用），大碗 1 个。

探究步骤

（1）黄豆 150g 洗干净，把坏的黄豆挑出，浸泡 6 小时以上，直到发胀发软，如图 1.31 所示。

（2）将黄豆放入豆浆机，往豆浆机中加水至 1300mL，豆浆机不要按加热功能，把黄豆打碎，磨成豆浆糊，打好的豆浆糊用布过滤，充分榨干滤渣，取滤液，如图 1.32 所示。

（3）把过滤好的豆浆放入锅里煮开 3 分钟停火，静置 1～2 分钟左右，不能太久，豆浆的温度不能太低，一般不低于 80℃，如图 1.33 所示。

图 1.31　泡黄豆　　　　　　　　图 1.32　过滤　　　　　　　　图 1.33　煮豆浆

（4）加入 3g 内酯，不同牌子的内酯按说明书用量不同，加少量凉开水化开，如图 1.34 所示。

（5）把溶于水的内酯倒入稍微凉的豆浆里（85℃左右），边加入内酯溶液边快速同一方向均匀地搅拌，如图 1.35 所示。

（6）搅拌 1～2 分钟后，倒入另一容器中静置，冷却，如图 1.36 所示。

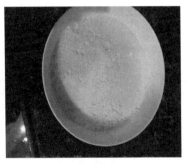

图 1.34　准备内酯　　　　　　　图 1.35　加内酯溶液　　　　　　图 1.36　静置冷却

想一想

1．为什么加内酯的温度不能太低？

2．能使胶体聚沉的因素还有哪些？

温馨提示

用石膏做的豆腐花隔夜不能吃。

成果展示

做好的豆腐花如图 1.37 所示。这意味着你的豆腐花制作成功了，大家可以让身边的亲朋好友尝尝，分享你的成果，还可以创建 DV 并将其发送到朋友圈，让更多人可以分享这一成果。

图 1.37　做好的豆腐花

思维拓展

　　市面上的豆腐花种类很多，有的加了红豆、绿豆、牛奶等，口味各异。通过豆腐花的制作工艺来看，我们还可以从哪些方面进行创新？其实，您可以从工艺、品种、包装、装置、味道、拓展、颜色、形状等方面扩展创新思维形成您的创意，如图 1.38 所示为豆腐花制作创新思维示意图。

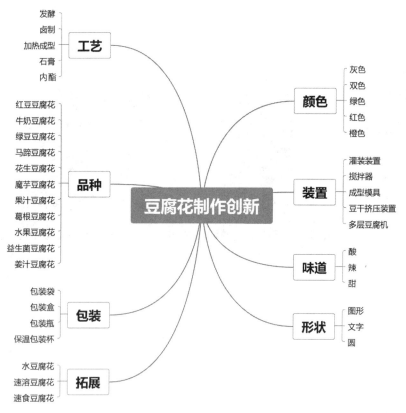

图 1.38　豆腐花制作创新思维示意图

想创就创

　　珠海格力电器股份有限公司的黄辉、王彤、杨勇、覃德华、曾华、梁少棠等人发明了利用家用豆腐机制作豆腐花和豆腐的方法，其国家专利申请号：ZL201210070158.7。

本发明公开了一种利用家用豆腐机制作豆腐花和豆腐的方法，制作豆腐花的步骤如下：① 将水加入内锅内，将干大豆放入粉碎桶内，再将粉碎桶装在第一机头上，然后将第一机头装在本体上，将粉碎桶内的大豆粉碎；② 大豆粉碎完成后，将第一机头取下，再将第二机头装在本体上，把豆渣用纱布包好放进下盖的装料部内，将豆渣里残留的豆浆压榨出来；③ 把豆渣取出，合上上盖，对内锅内的豆浆加热；④ 煮豆浆完成后，把豆浆冷却，向内锅内加入凝固剂，然后放置一段时间，制得豆腐花。本发明所提供的利用家用豆腐机制作豆腐花的方法，参考传统的豆腐制作工艺，并加入新的工艺流程，保证了能制作出高质量的豆腐和豆腐花，同时缩短了制作豆腐和豆腐花整个过程所用的时间。

请您下载该专利技术方案并认真阅读，找出它的创意和创新点，想想自己有什么启发。模仿以上专利技术创新方法，自己在家创新一种豆腐的制备方法。

第六节　自制双皮奶

知识链接

双皮奶是一种粤式甜品，清朝时起源自广东顺德，用水牛奶做原料，现遍布广东、澳门、香港等地。现今街上比较出名的双皮奶有顺德皮奶、仁信双皮奶、大良双皮奶、南信双皮奶、香滑双皮奶、红豆双皮奶等。据说，顺德双皮奶始创于清朝末期，是广东顺德当地一位农民在清晨烹制早餐时，不小心在水牛奶里翻了个花样，无意中调出民间美食"双皮奶"，并流传至今。其中，仁信双皮奶的创始人董某与其父在顺德大良白石村以养牛为生，并跟着父亲做牛乳。大良附近多土阜山丘，水草茂盛，所养的本地水牛产奶虽少，但水分少，油脂大，特别香浓，故大良水牛奶很受欢迎，水牛养殖业一直十分繁荣。当时没有电冰箱，董父常为牛奶保存绞尽脑汁。有一次，董父试着将牛奶煮沸后保存，却意外地发现牛奶冷却后表面会结成一层薄衣，尝一口，居然无比软滑甘香。经过多次尝试，董父制成了最初的双皮奶。

双皮奶，上层奶皮甘香，下层奶皮香滑润口，是一款深受广东百姓喜欢的小吃。吃起来香气浓郁，入口嫩滑，让人唇齿留香。双皮奶的配方原料都是差不多的，只是在口味上有差异。双皮奶口感好，营养价值高，同时它是不添加任何保鲜剂之类的新鲜产品，所以保质期不长，做好就要尽快食用。

项目任务

学会判断蒸煮食物的火候，学会原味双皮奶制作的全过程。

探究活动

所需器材：纯牛奶 3 盒，鸡蛋 4 只（见图 1.39），白砂糖 1 袋，碗若干只，勺子 1 个，保鲜膜，煮锅与蒸锅各 1 个。

探究步骤

（1）准备好 3 盒优质纯牛奶、4 只优质鸡蛋，将鸡蛋打开，将蛋清和蛋黄分离，保留蛋清，如图 1.40 所示。

图 1.39　主要食材

图 1.40　留清去黄

（2）将 3 盒牛奶全部倒进一个煮锅里，如图 1.41 所示；小火慢煮，如图 1.42 所示；并用勺子同一方向搅拌牛奶，如图 1.43 所示，当看到牛奶表面将要出现一层皮时熄火。

图 1.41　牛奶倒进锅里

图 1.42　小火慢煮

图 1.43　搅拌牛奶

（3）将煮好的牛奶分装在几个小碗中，不宜装得太满，如图 1.44 所示。

图 1.44　牛奶分装在几个小碗中

（4）自然放凉，当小碗中的牛奶出现一层明显奶酪后，全部倒入装有蛋清的大碗中，如图 1.45 所示；加入适量白糖，充分搅拌，如图 1.46 所示。

图 1.45　奶酪倒入大碗中

图 1.46　加入适量白糖

（5）将搅拌均匀的牛奶蛋清混合体再次分装到几个小碗中，如图 1.47 所示；盖上保鲜膜，放入蒸锅，如图 1.48 所示。

图 1.47　牛奶蛋清混合体分装到小碗　　　图 1.48　盖上保鲜膜放入蒸锅

（6）中火蒸 20 分钟，如图 1.49 所示；熄火，置凉处，喜欢的话可以拌上鲜果、葡萄干、蜜红豆等来装饰食用。喜欢吃冰凉口感的朋友，可以将双皮奶放入冰箱冷藏，需要吃时再取出来直接吃就可以了，如图 1.50 所示。美味可口营养丰富的双皮奶出来了，如图 1.51 所示。

图 1.49　中火蒸　　　　　图 1.50　冷藏　　　　　图 1.51　成品

想一想

1．制作双皮奶时，为什么保留蛋清，舍去蛋黄？
2．牛奶富含哪些营养物质？

温馨提示

使用煤气时一定要小心，切勿玩火。

成果展示

制作好的双皮奶如图 1.52 所示。这说明双皮奶制作成功了，大家也可以让身边的亲戚、朋友来品尝，分享您的成果，也可以拍成 DV 发到朋友圈，让更多的人分享这一成果。

图 1.52　营养餐点双皮奶

思维拓展

假如以后您想独创一个自己品牌的双皮奶小店，可以尝试从现有品牌的风味上创新或改良，也可以创造各种水果味的品种，盛放的器皿也可改变传统风格，添加趣味性的器皿，如刻上时髦的动物形象、动漫明星，使用高品质的质感器皿等。除此之外，您还可以从哪些方面进行创新？其实，您可以从品名、材质、功能、工具、包装、口味、工艺等方面扩展创新思维形成您的创意，如图 1.53 所示为双皮奶制作创新思维示意图。

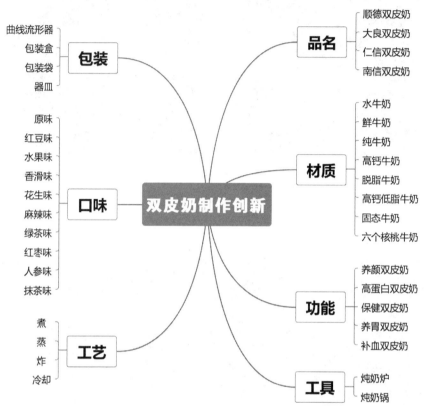

图 1.53　双皮奶制作创新思维示意图

想创就创

广州市凯闻食品原料有限公司的李雪梅、罗凯文等人发明了新型双皮奶及其制备方法，其国家专利申请号：ZL200810028879.5。

本发明涉及一种以奶粉、白糖为主的食品，即新型双皮奶及其制作方法。其特征在于：提供一种不含鸡蛋蛋清及凝乳酶或谷氨酰胺转氨酶，营养丰富，口感好且具有保健功能的新型双皮奶。本发明主要是由下述重量份的原料制备而成：奶粉 35～70g，白糖 15～50g，碳酸钙 1.0～2.5g，复合卡拉胶 0.5～2.5g，葡甘露聚糖 0.5～2.5g，其他物质：1～10g。复合卡拉胶、葡甘露聚糖为胶凝剂，都属于膳食纤维，具有保健作用。本发明的制备方法是将上述各原料均匀混合，加入重量比为 4～5 倍的温水，然后加热至 80℃～90℃，保持 10～30 分钟；装罐、冷却、静置、凝固成型后即可食用。本发明的优点在于：没有苦味，口感好，营养丰富且具有保健作用，同时该制备方法便于规模化生产，提高生产效率。

请您下载该专利技术方案并认真阅读，找出它的创意和创新点，想想自己有什么启发。模仿以上专利技术创新方法，自己在家创新一种姜撞奶的制备方法。

第七节　自制养生奶茶

知识链接

　　奶茶是饮品的一种，它具有高糖分、高脂肪、高咖啡因及高反式脂肪酸四大特点。奶茶是一款大众喜欢的饮料，那么可口美味的奶茶是用什么做成的呢？它对我们的身体健康有什么影响呢？

　　奶茶的主要成分是牛奶和茶叶水，牛奶含丰富的蛋白、脂肪等多种高级营养物质，茶叶中含咖啡因、多种维生素（VC、VP、烟酸、叶酸等）、单宁酸、茶碱、芳香油、氨基酸、糖类、各种矿物质和叶绿素等300多种对人体有益的化学成分。天然牛奶及茶叶水所制的奶茶可以去油腻、助消化、益思提神、利尿解毒、消除疲劳。

　　美味可口的原味奶茶，需要选用优质的牛奶和上等的红茶制作。牛奶可选用鲜牛奶或品质好的杀菌盒装纯牛奶。市面上的燕塘、风行、金典、伊利、蒙牛等纯牛奶都是不错选择。而红茶又称熟茶，属全发酵茶，是以适宜的茶树新牙叶为原料，经萎凋、揉捻（切）、发酵、干燥等一系列工艺过程精制而成的茶。萎凋是红茶初制的重要工艺，红茶在初制时称为"乌茶"。红茶因其干茶冲泡后的茶汤和叶底色呈红色而得名。中国的红茶品种主要有日照红茶、祁红、昭平红、霍红、滇红、越红、泉城红、苏红、川红、英红、东江楚云仙红茶等。

项目任务

　　1．了解奶茶的制作过程。

　　2．了解奶茶的营养价值。

探究活动

　　所需器材： 红茶、纯牛奶、白砂糖、饮用水、煮锅、过滤筛子、玻璃瓶或瓷杯、勺子。

　　探究步骤

　　（1）将30g糖放进锅里炒至焦黄后，加入300mL热开水并使糖完全溶于水，如图1.54所示。

　　（2）洗好15g优质茶叶，如图1.55所示，放入焦糖水锅中，泡浸10分钟，如图1.56所示。

图1.54　锅内炒糖　　　　　　图1.55　洗茶　　　　　　图1.56　入锅泡浸

（3）再往焦糖茶水锅中倒入两盒 250mL 的牛奶，如图 1.57 所示；用中火煮沸，如图 1.58 所示；改小火继续煮 10 分钟，如图 1.59 所示；然后熄火。

图 1.57　入奶

图 1.58　中火煮沸

图 1.59　小火煮 10 分钟

（4）让锅里的奶茶自然冷却，等到手触感觉合适即可，用过滤筛子将茶叶过滤掉并入瓶，如图 1.60 所示；制好的奶茶如图 1.61 所示。根据个人喜好，可以直接喝也可以放进冰箱冷藏一下再喝。

图 1.60　隔茶入瓶

图 1.61　成品奶茶

想一想

1．在制作之初，白糖先炒成焦黄色后溶于水，过程中有没有发生化学变化？假如在加入牛奶后，再加入白糖，做出的奶茶口感会不会一样？

2．奶茶不宜多喝，结合制作过程分析一下，过多的奶茶在体内会对健康产生什么影响？

3．有些朋友喜欢奶茶的茶味浓点，就会多加点茶叶，但茶叶过多，出来的口感会偏苦涩，为了盖住苦味，就会再往成品中加糖，这样操作有哪些不妥？

温馨提示

使用煤气时一定要小心，切勿玩火。

成果展示

制作好的奶茶如图 1.62 所示。制作奶茶可能第一次口感未

图 1.62　奶茶成品

必满意，可以多尝试几次。朋友们，抽出点时间来，为自己煮上一杯可口的奶茶吧。

思维拓展

在生活中，很多热爱生活、热爱美食的朋友喜欢自己动手制作糕点、饮料、薯条、腌制凉拌等，但要注意食品健康搭配和控制能量摄入，否则容易在体内积累过多消化不良的食物和过剩的高能量，引起"三高"，降低生活的品质。从奶茶制作过程来看，您还可以做哪些创新？其实，您可以从制作工艺、融合创新、包装外观、智能设备、味道与颜色、奶茶形状等方面扩展创新思维形成您的创意，如图 1.63 所示为奶茶制作创新思维示意图。

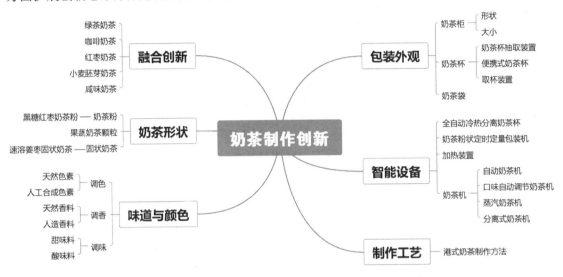

图 1.63 奶茶制作创新思维示意图

想创就创

统一企业（中国）投资有限公司昆山研究开发中心的王春雷、何勇、李正华、孙素等人发明了绿茶奶茶的制备方法，其国家专利申请号：ZL201410174923.9。

本发明公开了一种绿茶奶茶及其制备方法，该绿茶奶茶具有如下原料配方：按重量百分含量计，绿茶茶汁 20%～30%、奶粉 1.5%～3%、植脂末 3%～6%、白砂糖 5%～7%、乳化剂 0.06%～0.2%、抗氧化剂 0.02%～0.06%、护色剂 0.02%～0.06%、酸度调节剂 0.02%～0.05%、食用香精 0.06%～0.2%以及余量的 RO 水；其中，所述绿茶茶汁为由蒸青绿茶叶和茉莉花茶叶组成的混合茶叶通过萃取法制备而成，并以该绿茶奶茶原料总重量为基准，蒸青绿茶叶的重量百分含量为 0.3%～1.0%、茉莉花茶叶的重量百分含量为 0.3%～1.0%，且该混合茶叶与萃取阶段中的 RO 水溶剂的料水比为 1∶30～50；经本发明制备出的绿茶奶茶在常温条件下色泽和风味的稳定性远优于目前的市售绿茶奶茶，具有较长的保质期。

请您下载该专利技术方案并认真阅读，找出它的创意和创新点，想想自己有什么启发。模仿以上专利技术创新方法，在家自己创新一种果蔬奶茶及其制备方法。

第八节　自制碳酸饮料

知识链接

汽水是由矿泉水经过消毒，充以二氧化碳的饮用水，属于碳酸饮料。工厂制作汽水是通过加压的方法，使二氧化碳气体溶解在水中。汽水中溶解的二氧化碳越多，质量越好。市场上销售的汽水，大约是 1 体积的水溶有 3 体积左右的二氧化碳（CO_2）。

二氧化碳从体内排出时，可以带走一些热量，因此夏天喝汽水能够降温，解暑。喝冰镇汽水时，由于汽水的温度更低，溶解的二氧化碳更多，二氧化碳要从体内排出，能带走更多的热量，可以起到解暑的效果。

制备碳酸饮料，首先要制备 CO_2，碳酸氢钠（俗称小苏打）遇到酸或酸性物质就会产生二氧化碳气体。当小苏打与柠檬酸在溶液中剧烈反应时立即旋紧瓶盖，产生的 CO_2 不能溢出，瓶内压强变大，CO_2 溶解于水中，反应方程式如图 1.64 所示。

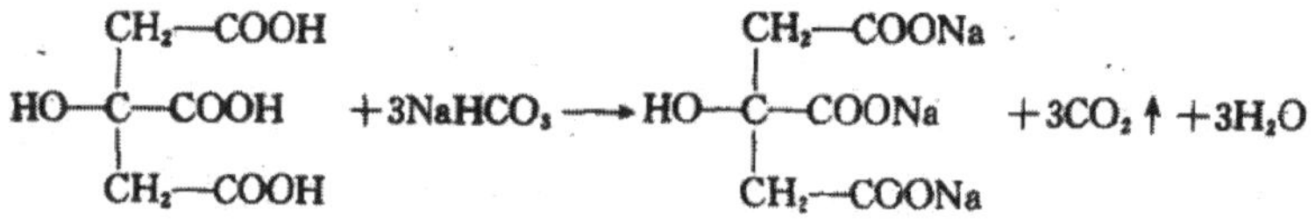

$$\begin{array}{c} CH_2-COOH \\ | \\ HO-C-COOH \\ | \\ CH_2-COOH \end{array} +3NaHCO_3 \longrightarrow \begin{array}{c} CH_2-COONa \\ | \\ HO-C-COONa \\ | \\ CH_2-COONa \end{array} +3CO_2\uparrow +3H_2O$$

图 1.64　反应方程式

2g 柠檬酸与 2g $NaHCO_3$ 反应，经化学方程式计算，柠檬酸过量约 0.5g，$NaHCO_3$ 则完全反应，整个反应产生约 500mL 的 CO_2，柠檬酸过量显酸性，使汽水有酸味。柠檬酸广泛存在于植物（如柠檬果）中，具有可口的酸味，可从柠檬和酸橙汁中提取，可用于食品，常用作碳酸饮料、食品和药物的调味剂。

项目任务

1．了解碳酸饮料制作的基本原理。
2．掌握碳酸饮料制作的基本步骤。
3．学习碳酸饮料功能的优缺点。

探究活动

所需器材：柠檬酸（食品级）2g，小苏打（食品级）2g，红糖粉 10g，杯子 2 个，600mL 矿泉水瓶 1 个。

探究步骤

（1）蒸馏水 500mL 煮沸，溶解 10g 黄糖，放凉备用，如图 1.65 所示。

图 1.65　溶解黄糖

（2）分别称取 2g 的柠檬酸固体和 2g 小苏打固体粉末，如图 1.66 所示。

（3）柠檬酸 2g 溶解在 350mL 的步骤（1）准备好的凉开水中，2g 小苏打溶解在 150mL 的步骤（1）准备好的凉开水中，如图 1.67 所示。

（4）准备 600mL 的塑料瓶，先倒入步骤（3）的 350mL 柠檬水，再迅速倒入步骤（3）的 150mL 小苏打水，并立即旋紧瓶盖摇匀，塑料瓶一定要预留空间，如图 1.68 所示。

图 1.66 称取柠檬和小苏打固体

图 1.67 溶解

图 1.68 快速混合溶液

（5）放入冰箱内冷藏（或放入冰水中），冷却后待用，其味酸甜清凉可口。

想一想

1．为什么先往矿泉水瓶倒入 350mL 溶有柠檬酸的凉开水，再倒入 150mL 小苏打水？

2．日常生活中呈酸性的东西还有哪些？

温馨提示

1．在制备过程中切勿过量使用 CO_2，防止容器爆炸。

2．不能大量使用柠檬酸。

成果展示

制作好的碳酸饮料如图 1.69 所示。

图 1.69 酸甜可口的碳酸饮料

思维拓展

市面上的汽水都是碳酸饮料，只是添加的成分不同而已，如雪碧的成分有水、果葡糖浆、白砂糖、食用香料、食品添加剂等；汽水除糖外，其实没有什么营养成分，但因为含有二氧化碳气体，饮用时能给人清爽刺激的口感，有利于人体散热消暑，补充水分，很多年轻人喜欢喝。我们在想：能否往汽水里添加一些营养成分，做出既有营养又好喝的汽水？例如，能否添加鲜橘汁、苹果汁、荔枝汁等果味剂调味，满足口感的同时又增加营养。还可以从哪些方面进行创新？其实，您可以从制作方法、制备装置、包装装置与融合创新等方面扩展创新思维形成您的创意，如图 1.70 所示为碳酸饮料制作创新思维示意图。

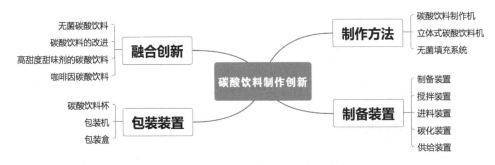
图 1.70 碳酸饮料制作创新思维示意图

想创就创

李元勋发明了一种对酒精性肝损伤具有保护作用的碳酸饮料的制备方法，其国家专利申请号：ZL201510014078.3。

本发明涉及一种对酒精性肝损伤具有保护作用的碳酸饮料的制备方法，属于饮料技术领域。按重量份计，将丁香 40～80 份、枳椇子 50～90 份、葛根 30 份、黄芪 15 份加入 200～400 份的水中，加热提取，得到浸提液；将浸提液进行固液分离后，得到清液，将清液与 1～1.5 倍重量的含二氧化碳的水混合均匀，即得此碳酸饮料。本发明提供的丁香、枳椇子解酒碳酸饮料综合了丁香、枳椇子的解酒作用，同时辅以碳酸饮料的清凉消热的作用，可以更好地为饮酒者解酒。另外，通过再辅以葛根、黄芪，可以有效地对酒精性肝损伤起到保护作用。

请您下载该专利技术方案并认真阅读，找出它的创意和创新点，想想自己有什么启发。模仿以上专利技术创新方法，在家自己创新一种碳酸饮料的制备方法。

第九节　自制蒸蛋糕

知识链接

蛋糕最早起源于西方，后来才慢慢地传入中国。最早的蛋糕是用面粉、鸡蛋、白糖等几样简单的材料做出来的。材料中富含碳水化合物、蛋白质、脂肪、维生素及钙、钾、磷、钠、镁、硒等矿物质，做成蛋糕后食用方便，已成为人们最常食用的糕点之一。

蛋糕是一种面食，通常是甜的，典型的蛋糕是以烤的方式制作出来的。蛋糕的材料主要包括面粉、甜味剂（通常是蔗糖）、黏合剂（一般是鸡蛋，素食主义者可用面筋和淀粉代替）、起酥油（一般是牛油或人造牛油，低脂肪含量的蛋糕会以浓缩果汁代替）、液体（牛奶、水或果汁）、香精和发酵剂（如酵母或者发酵粉）。

蛋糕的制作主要包括分离蛋白蛋黄，搅拌蛋黄、面粉成为蛋糕糊，加入白糖打发鸡蛋白至蛋白霜提起来不会滴落，混合面粉糊和蛋白霜，装模，加热六个主要步骤。其中搅拌蛋黄、面粉成为蛋糕糊有八大搅拌法，如海绵打法，即全蛋打法，蛋白加蛋黄加糖一起搅拌至浓稠状，呈乳白色且勾起乳沫约 2 秒才滴下，再加入其他液态材料及面粉类拌和。无添加其他发泡化学试剂的蛋糕主要依靠鸡蛋清来进行发泡。

蛋糕糊在烤箱或蒸箱中温度升高，气泡膨胀增大蛋糕胚的体积；淀粉、蛋白质发生变化固定住蛋糕胚的形状；美拉德反应给蛋糕胚表面增加棕黄色泽和诱人的焙烤香。美拉德反应亦称非酶棕色化反应，是广泛存在于食品工业的一种非酶褐变。它是羰基化合物（还原糖类）和氨基化合物（氨基酸和蛋白质）间的反应，经过复杂的历程最终生成棕色甚至是黑色的大分子物质类黑精或称拟黑素，故又称羰胺反应。烤好后水分逸出，温度降低，得到松软诱人的蛋糕胚。切开后能看到明显的小气孔，对应的就是之前蛋霜内的气泡。

蛋糕的膨胀主要是靠蛋白搅打的起泡作用而形成的。鸡蛋白是一种黏稠的胶体，具有起泡性，当蛋白受到急速搅打时，大量的空气会充入蛋液内，被均匀地包裹在蛋白膜内，形成许多细腻的泡沫。蛋液体膨松，颜色变为乳白色，当气体受到高温时膨胀，从而带动整个蛋糕整体蓬松。在打蛋液时，不能过分搅打，避免破坏蛋白胶体的韧性而影响蛋糕蓬松；如果充入气体的量不够，也会影响蛋糕膨松度。除此之外，我们还必须注意几点：① 鸡蛋清需要经过搅打形成蛋霜；② 搅打时分次加入的糖提高蛋清的黏度，使被包裹的空气不容易逃逸；③ 面粉加油后，其中的淀粉被分散，形成面糊，把面糊和蛋霜混合，形成气泡、淀粉分布均匀的蛋糕糊。

蛋糕的烹饪方法主要是烤箱烤制，烘焙后淀粉产生糊化、蛋白质变性等一系列化学变化。但是有些人觉得烤蛋糕上火，特别是老人，小孩，不宜多吃，这部分人更加适合蒸蛋糕。自己制作的蒸蛋糕更加健康，适合新时代人们对品质生活的追求。本项目带领大家用蒸箱或蒸锅做蒸蛋糕，方法与烤箱烤蛋糕一样，要注意的是防止蒸汽冷凝侵入蛋糕而影响外观和口感。故蒸蛋糕的时候要在蛋糕容器外围盖上盖子或覆盖保鲜膜（用牙签插几个小孔），防止水汽过多进入。

项目任务

用简易方法蒸蛋糕。

探究活动

所需器材： 低筋面粉 100g，新鲜鸡蛋 4 个，浓稠酸奶 200g，玉米油 10g，细砂糖 60g，柠檬汁或白醋几滴，2L 左右容量的盆或陶瓷容器（2 个），蒸箱或蒸锅，不粘饭锅或其他类似容器，电动打蛋器，饭勺或刮刀，筷子，筛网，电子天平，有刻度的量杯。

探究步骤

（1）准备好食材与蛋清分离等用品，如图 1.71 所示。

（2）用分离器将新鲜鸡蛋的蛋白、蛋黄分离出来分别放入两个无水容器（盆或盘）中，如图 1.72 所示。

（3）在蛋黄中依次加入 200g 酸奶、10g 玉米油进行混合，然后用筷子搅拌均匀，如图 1.73 所示。

  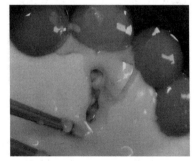

图 1.71　鸡蛋与蛋清分离器　　　图 1.72　分离的蛋清与蛋黄　　　图 1.73　搅拌蛋黄、酸奶、玉米油

（4）用筛网将 100g 低筋面粉筛入蛋黄糊中，如图 1.74 所示；再用筷子搅拌，如图 1.75 所示；搅拌均匀至无颗粒备用，如图 1.76 所示。

（5）往蛋白中加入几滴醋或柠檬汁，如图 1.77 所示；用打蛋器打蛋白至出现泡沫，如图 1.78 所示；加入白糖 15g，打蛋器调低速继续打蛋白至泡沫，如图 1.79 所示，再重复两次，加等量的白糖继续打发，至出现纹路为止。

图 1.74　蛋黄中筛入面粉

图 1.75　筷子搅拌

图 1.76　搅拌均匀无颗粒

图 1.77　加入醋或柠檬汁

图 1.78　搅打蛋白

图 1.79　泡沫变得细腻

（6）用打蛋头蘸起蛋白泡沫，如不滴落，则蛋白糊打发完成，如图 1.80 所示。

（7）打发好的蛋白糊分 3 次加到蛋黄糊中，如图 1.81 所示；用饭勺（或刮刀）上下搅拌成混合面糊，注意不要画圈，以免消泡，搅打至弯钩状，如图 1.82 所示，蛋糕胚就制作完成了。

图 1.80　蛋白糊

图 1.81　蛋白糊加至蛋黄糊

图 1.82　混合面糊

（8）在不粘饭锅表面刷点玉米油，往蒸锅内放入 2L 水煮沸，如图 1.83 所示。

（9）蛋糕胚倒入不粘饭锅中，震荡几下，排除部分气泡，如图 1.84 所示。在不粘饭锅（如电饭煲内胆）上面盖一个大一点的盘子，防止过多水蒸气进入，如图 1.85 所示。

（10）把盖有盘子放有蛋糕胚的电饭煲内胆一起放进蒸锅或蒸箱中，盖上锅盖在蒸锅中中火蒸 30 分钟，如图 1.86 所示。

（11）关火后焖 5 分钟再出锅，晾凉后再打开盖子以防止塌陷，如图 1.87 所示；倒扣至一干净的盘子取出蛋糕，如图 1.88 所示。

图 1.83　蒸锅加水煮沸

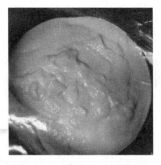

图 1.84　倒入不粘饭锅内

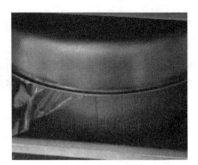

图 1.85　盖上盖子

图 1.86　蒸锅中蒸蛋糕

图 1.87　晾凉后开盖

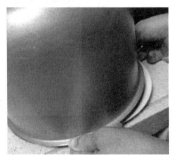

图 1.88　倒扣取蛋糕

想一想

1．为什么要将蛋黄和蛋白分开？

2．蛋白打发的原理是什么？如果做出的蛋糕是硬的，可能是什么原因？

温馨提示

1．使用蒸箱或蒸锅过程中要注意防止烫伤，尽量使用防烫专用手套。

2．使用打蛋器打蛋清时，切忌将拿蛋清容器的手放在打蛋器搅拌头附近！以免误伤到手。

3．使用完电动打蛋机后，先拔出电源再洗涤，切忌连接着电源直接拿去清洗，以防漏电伤人。

成果展示

做出的蛋糕松软可口，如图 1.89 所示，说明您成功了。让身边的亲戚、朋友、老师、同学来分享您的成果，并拍成 DV 发到朋友圈让更多的人分享这一成果。

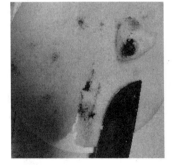

图 1.89　制好的蛋糕

思维拓展

蛋糕的做法非常多，大家可以从不同角度进行微调，这些都是你的创新。首先，加入不同的食物调整味道与增加营养价值就可以换换口味；其次，在蛋黄面糊中分别加入熟紫薯、熟南瓜、熟芋头、熟红枣、香蕉、榴梿等容易搅拌均匀的食物制作不同的类型与口味的蛋糕；再次，在入锅前的蛋糕胚中分别加入适量碎坚果、蔓越莓干、红枣干、枸杞干、提子干等干果制作干果蛋糕，另外利用烤箱、电饭煲、蒸箱、蒸锅等设备创新烹饪方式；最后，利用蛋糕模具来变换蛋糕造型。

还可以从哪些方面进行创新？其实，您可以从工艺、品种、包装、模具、智能、味道、形状、口味、拓展等方面扩展创新思维形成您的创意，如图 1.90 所示为蛋糕制作创新思维示意图。

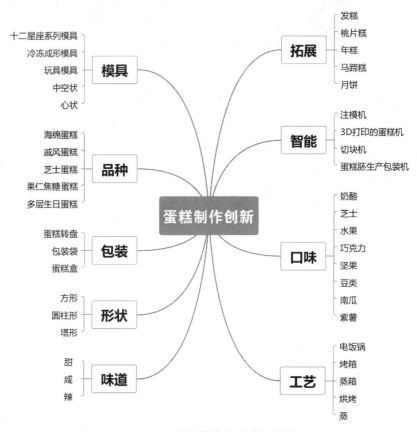

图 1.90　蛋糕制作创新思维示意图

想创就创

深圳市幸福商城科技股份有限公司的赵娇敏发明了生日蛋糕，其国家专利申请号：ZL201720937910.1。

本实用新型适用于蛋糕领域，涉及一种生日蛋糕，包括多个蛋糕本体，多个所述蛋糕本体的竖直方向之间依次通过多个支柱支撑连接；所述蛋糕本体由上至下依次设置有巧克力层、冰激凌层、面粉层；最上层的蛋糕本体上设置有两个"日"形凹槽，两个所述"日"形凹槽内填充有奶油和/或果酱；所述最上层的蛋糕本体上设置有巧克力片；最底层的蛋糕本体的中部设置有竖向的通孔。本实用新型将蛋糕本体上设置有"日"形凹槽的同时填充颜色不同的奶油和果酱来显示生日用户的年龄，不用蜡烛，既方便又环保。

请您下载该专利技术方案并认真阅读，找出它的创意和创新点，想想自己有什么启发。模仿以上专利技术创新方法，您也可以尝试使用不同的材料，如把面粉换成黏米、黑米粉、糯米粉，自己在家创新制作一种蛋糕。

第十节　自制无铝油条

知识链接

油条，又称馃子，是一种古老的汉族面食。其为长条形中空的油炸食品，口感松脆有韧劲，为中国传统的早点之一。《宋史》记载，宋朝时，秦桧迫害岳飞，民间通过炸制一种类似油条的面制食品（油炸桧）来表达愤怒。类似的油炸面食，其起源远远早于宋朝，可追溯到唐以前，具体时期不得考证。无铝油条是油条的一种，利用麦曲发酵技术进行了酸菌菌体存活率和产酸活力的研究，利用酵母预处理技术研究了物化方法预处理酵母面团中酵母发酵流变学特性的改善作用。

民间通常把发酵好的面粉放在油里炸成油条。在发酵过程中，由于酵母菌在面团里繁殖，使一小部分淀粉变成葡萄糖，又由葡萄糖变成乙醇，并产生二氧化碳气体，同时还会产生一些有机酸类，这些有机酸与乙醇作用，生成有香味的酯类。其化学方程式为：$(C_6H_{10}O_5)n+nH_2O \rightarrow nC_6H_{12}O_6$，$nC_6H_{12}O_6 \rightarrow 2C_2H_5OH+CO_2\uparrow$，$RCOOH+C_2H_5OH=RCOOC_2H_5+H_2O$，反应产生的二氧化碳气体使面团产生许多小孔并且膨胀起来。有机酸的存在，会使面团产生酸味，加入纯碱，就是把多余的有机酸中和掉，并能产生二氧化碳气体，使面团进一步膨胀起来：$2RCOOH+Na_2CO_3=2RCOONa+CO_2+H_2O$，同时纯碱溶于水发生水解：$Na_2CO_3+H_2O=NaHCO_3+NaOH$，后经油锅一炸，碳酸氢钠又分解：$2NaHCO_3 = Na_2CO_3+CO_2+H_2O$，产生 CO_2，油炸时撑成一根胖鼓鼓的油条。油条加入明矾（$2KAl(SO_4)_2 \cdot 12H_2O$）效果会更好，因为从上述反应可知，面团里的 NaOH 有强碱性，口味不好，加入明矾发生反应：$2KAl(SO_4)_2 \cdot 12H_2O+6NaOH=2Al(OH)_3\downarrow+K_2SO_4+3Na_2SO_4+24H_2O$，生成 $Al(OH)_3$ 碱性减弱，而且能中和胃酸，使油条的口味更好。

油条制备成功需要注意的几点：① 面粉与酵母粉的质量比一般为100∶1；② 鸡蛋的量不能少，如300g 面粉加 2 个鸡蛋，先加鸡蛋搅拌后再慢慢加牛奶，根据面粉的黏稠度控制加入牛奶的量；③ 油炸过程中，油不能烧开后放油条，容易糊；④ 面条要尽量拉长，因为在油炸的过程中它会缩短，看起来不像油条。

油条都属于油炸类食品，外酥内嫩松软，色泽金黄，咸香适口，成为老少皆宜的大众化食品，而且价格便宜，方便携带，常用做早餐食用。

项目任务

1. 了解油条制备的基本原理。
2. 掌握无铝健康油条的基本操作步骤。
3. 学习判断油条品质的好坏。

探究活动

所需器材：面粉 300g，酵母粉 3g，白糖 80g，食用油 25mL，纯牛奶 50mL，鸡蛋 2 个，盐 3g，筷子 1 双，大碗 1 个，保鲜膜。

探究步骤

（1）准备 300g 面粉、3g 酵母、3g 盐、80g 白糖、25mL 食用油、50mL 纯牛奶等制作材料。

（2）将上述面粉、酵母、盐、白糖、食用油不分先后全倒入大碗中，打入两个鸡蛋，然后分批倒入牛奶，如图 1.91 所示；用筷子搅拌，如图 1.92 所示；用手揉面团，观察面粉的黏稠度，如图 1.93 所示；控制倒入牛奶的量，一般是 50mL 左右。

图 1.91　倒入牛奶　　　　　　图 1.92　筷子搅拌　　　　　　图 1.93　用手揉面

（3）把面粉揉成面团，直至均匀有弹性，用手在上面抹一层油，如图 1.94 所示。

（4）面团用保鲜膜密封，发酵 30 分钟左右，如图 1.95 所示。

 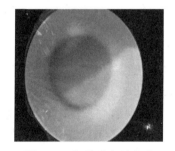

图 1.94　抹油　　　　　　　　　图 1.95　保鲜膜密封发酵

（5）往擀面杖和小刀上抹油，用擀面杖将面团按压成薄片，然后切成多个小长方形，如图 1.96 所示。

（6）把两片小长方形面片叠在一起，用筷子在中间按压一下，让两片面片粘在一起，如图 1.97 所示。

 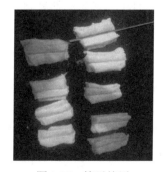

图 1.96　切面　　　　　　　　　图 1.97　筷子按压

（7）把两片面片的两端捏在一起，静置，如图 1.98 所示；把做好的面片用锅盖盖住，再发酵 30 分钟以上（当时室温有 32℃），如图 1.99 所示。

图 1.98　面片两端捏在一起

图 1.99　盖锅再发酵

（8）准备好油锅，烧至五成热，如图 1.100 所示。

（9）把油条拿出来，拉长它，如图 1.101 所示；放入油里炸，边炸边翻身，炸至金黄色捞出即可，如图 1.102 所示。

图 1.100　煮油

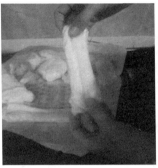

图 1.101　拉长条

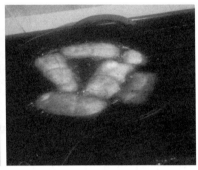

图 1.102　放入油锅炸

想一想

1．为什么含明矾的油条吃多了对身体不好？

2．本次使用的酵母粉主要成分是 $NaHCO_3$，其发酵原理是什么？

温馨提示

1．操作过程中要注意防止烫伤，尽量使用防烫专用手套。

2．严禁儿童操作。

成果展示

制作好的油条如图 1.103 所示。

图 1.103　美味的油条

思维拓展

油条的制作主要归功于发酵粉和鸡蛋，所用材料纯天然无添加，而且口感不错。油条的制作方法多种多样，在制作过程中，可以根据自己的口味喜好继续改良，添加自己喜欢的东西，这也是一种创新。还可以从哪些方面进行创新？其实，您可以从烹饪、品种、包装、设备、味道、拓展、形状等方面扩展创新思维形成您的创意，做出更美味的食品，如图 1.104 所示为油条制备创新思维示意图。

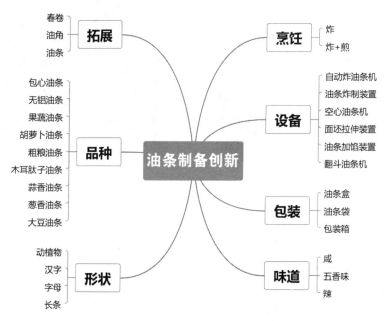

图 1.104　油条制备创新思维示意图

想创就创

　　金华市卫生监督所的王晓云、童若雷、胡梅丹、陈敏、吴滔、吴国富、曹丽军、金良正、方志坚、吴宗球、周沭仁、周日坚、羊涛等人发明了无铝添加剂油条的制作方法，其国家专利申请号：ZL200910155616.5。

　　本发明涉及食品领域，特别是一种无铝添加剂油条及制作方法。制作该无铝添加剂油条的原料是面粉，配料采用碳酸氢钠、碳酸氢铵、食盐。该无铝添加剂油条的制作步骤是：① 制面团：按配比称取面粉和配料，将配料用适量水溶解后加入面粉中搅拌均匀成面团；② 面团醒发：将面团用保鲜膜包裹，在 5℃～30℃下放置 6～12 小时；③ 制小条：将醒发后的面团制成小条；④ 煎炸：将小条拉长放入已加热的油锅中煎炸；⑤ 沥油：将煎炸完毕后的油条出锅沥油。本发明的无铝添加剂油条具有制作成本低、油条体积膨胀率大、外观金黄、酥脆、内柔软孔密、口感松脆可口的特点。

　　请您下载该专利技术方案并认真阅读，找出它的创意和创新点，想想自己有什么启发。模仿以上专利技术创新方法，自己在家创新一种五香油条的制备方法。

本章学习与评价

一、选择题

1. 松花蛋美味可口，制作主要采用的蛋是（　　　）。

　　A. 鸡蛋　　　　　　　　　　B. 鹅蛋

　　C. 鸭蛋　　　　　　　　　　D. 乌鸡蛋

2. 皮蛋粉的主要原料有白石灰、次茶、食盐、面碱、黄丹粉、草木灰、黄土、稻壳等，其中食盐的化学式是（　　　）。

    A．$NaHCO_3$ B．Na_2CO_3

    C．CaO D．$NaCl$

3．腌制咸鸭蛋时，放白酒是咸蛋多出油的关键，白酒的有效成分是（　　　）。

    A．C_2H_5OH B．CH_3OH

    C．CH_3COOH D．H_2O

4．无论是制备松花蛋还是腌制咸鸭蛋或水煮鸡蛋，其实都是利用了蛋白质的（　　　）性质。

    A．盐析   B．变性

    C．显色反应   D．水解反应

5．腌制酸豆角时，器皿一定要无油，否则发酵过程容易生霉菌。下列水溶液不可以清洗掉器皿上油污的是（　　　）。

    A．食盐水   B．苏打水

    C．洗洁精   D．洗衣粉

6．双皮奶制作中，用到的主要原料是（　　　）。

    A．酸奶和鸡蛋清   B．皮蛋和牛奶

    C．牛奶和鸡蛋清   D．蛋黄和奶粉

7．自制的碳酸饮料喝起来会有酸咸的口感，是因为往里面添加了（　　　）。

    A．食盐   B．柠檬酸

    C．小苏打   D．发酵粉

8．无铝油条指的是制作过程不添加（　　　）。

    A．明矾（十二水硫酸铝钾）   B．食盐

    C．小苏打   D．发酵粉

9．学习完本章"厨房化学"的内容，下列物质没有出现在厨房化学中的是（　　　）。

    A．食盐   B．漂白液

    C．小苏打   D．发酵粉

二、填空题

1．硝酸钾在60℃时的溶解度是110g，这说明在＿＿＿℃时，＿＿＿g硝酸钾溶解在＿＿＿g水中恰好形成饱和溶液。该硝酸钾溶液的质量分数是＿＿＿＿＿＿＿＿。硝酸钾溶液中含有的粒子有＿＿＿＿＿＿＿＿＿＿＿＿＿＿。

2．生活中处处有化学，化学已渗透到我们的"衣、食、住、行"之中。

（1）衣：鉴别真假羊毛衫的方法是先取样，再＿＿＿＿＿＿＿＿＿＿＿＿＿＿＿＿＿＿＿＿。

（2）食：水是人类生存的必需物质。在净水过程中，明矾作为＿＿＿＿＿＿＿＿＿剂；氯气或漂白粉作为＿＿＿＿＿＿＿＿＿剂。

（3）住：玻璃和钢铁是常用的建筑材料。普通玻璃是由＿＿＿＿＿＿＿＿＿等物质组成的；钢铁制品不仅可发生化学腐蚀，在潮湿的空气中还会发生＿＿＿＿＿＿＿＿＿腐蚀。

（4）行：铝可用于制造交通工具。铝制品不易生锈的原因是＿＿＿＿＿＿＿＿＿；橡胶是制造轮胎的重要原料，天然橡胶通过＿＿＿＿＿＿＿＿＿措施可增大强度和弹性。

3．氨基酸是具有两性特点的有机物，在结构上都具有的官能团名称是_____、_____。我们从食物中摄取的_____在胃液中的胃蛋白酶和胰蛋白酶的作用下发生_____反应，生成氨基酸，它被人体吸收后，重新合成人体所需的各种_____。

4．某同学按下列步骤配制 100mL 4.00mol/L NaCl 溶液。

（1）计算所需 NaCl 固体的质量。

（2）称量 NaCl 固体。

（3）将称好的 NaCl 固体放入烧杯中，用适量蒸馏水溶解。

（4）将烧杯中的溶液注入容量瓶，并用少量蒸馏水洗涤烧杯内壁 2～3 次，洗涤液也注入容量瓶。

（5）向容量瓶中加蒸馏水至刻度线。

请回答有关问题：

（1）计算所需 NaCl 固体的质量为_____g。

（2）为了加速溶解，可以采取的措施是_____。

（3）使用容量瓶的规格是_____mL。

（4）如果将烧杯中的溶液转移到容量瓶时不慎洒到容量瓶外，最后配成的溶液中溶质的实际浓度比所要求得_____（填"大"或"小"）了。

（5）如果某同学是用托盘天平称量 NaCl 固体，那么称量的质量是多少？与计算量一致吗？为什么？_____。

三、实验题

1．碘是人体必需的元素之一，海洋植物如海带、海藻中含有丰富的、以碘离子形式存在的碘元素。在实验室中，从海藻里提取碘的流程和实验装置如图 1.105 所示。

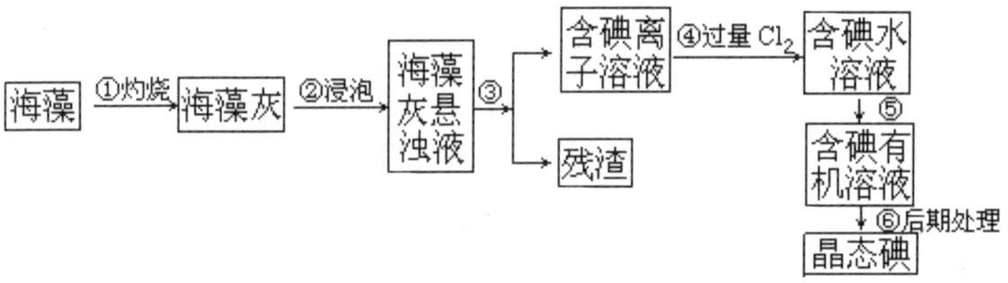

图 1.105　海藻里提取碘的流程和实验装置

（1）指出上述提取碘的过程中有关实验操作的名称：步骤③为_____，步骤⑤为_____。

（2）写出步骤④对应反应的离子方程式：_____。

（3）提取碘的过程中，可供选择的有机试剂是_____。

　　A．酒精　　　　　　B．醋酸　　　　　　C．四氯化碳　　　　　D．苯

（4）为了使海藻灰中的碘离子转化为碘的有机溶液，即完成步骤③～步骤⑤，实验室里有烧杯、玻璃棒、集气瓶、酒精灯、导管、圆底烧瓶、石棉网以及必要的夹持仪器和物品，尚缺少的玻璃仪器是_____。

（5）从含碘的有机溶剂中提取碘和回收有机溶剂，还需要经过蒸馏。指出图 1.106 所示实验装置中存在的错误之处：_____。

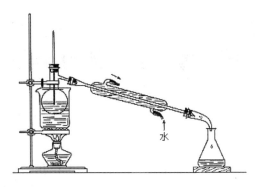

图 1.106 实验装置

2. 为除去粗盐中的 Ca^{2+}、Mg^{2+}、SO_4^{2-} 以及泥沙等杂质，某同学设计了一种制备精盐的实验方案，步骤如下（用于沉淀的试剂稍过量）。

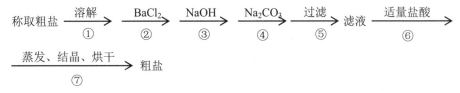

（1）判断 $BaCl_2$ 已过量的方法是＿＿＿＿＿＿＿＿＿＿＿＿＿＿＿＿＿＿＿＿＿＿＿＿＿＿＿＿

＿＿＿。

（2）第④步中，写出相应的化学方程式（设粗盐溶液中 Ca^{2+} 的主要存在形式为 $CaCl_2$）：

＿＿＿。

（3）若先用盐酸调 pH 再过滤，将对实验结果产生影响，其原因是＿＿＿＿＿＿＿＿＿＿

＿＿＿。

（4）为检验精盐纯度，需配制 250mL 0.2mol/L NaCl（精盐）溶液，图 1.107 是该同学转移溶液的示意图，图中的错误是＿＿＿＿＿＿＿＿＿＿＿＿＿＿＿＿＿＿＿＿＿＿＿＿＿＿＿＿。

图 1.107 转移溶液的示意图

第二章　药　物　化　学

导言

　　药物化学是一门与化学发展密切相关的综合性学科，19 世纪在钢铁废料中发现了具有治疗作用的有机合成药物，天然植物提取生理作用强的成分，药物化学被独立出来。随着科学技术的发展、知识和技术创新，促进了生命科学与信息科学的深度融合，这是疾病防治和新药研究的重要基础。药物化学、生物技术与信息科学紧密结合，相互促进，仍是未来发展的共同趋势。

　　本章将通过防脱发、黑发洗发水、薄荷膏、护手霜、桉树精油、橙皮精油、生姜精油、驱蚊液、84 消毒剂、柠檬膏、叶子花免洗手液、中药漱口水制备项目的学习与实践，让创客掌握药物化学制作的一般流程与创新方法。以 STEM 教育理念为指导，开展项目学习，让创客体验研究和创造的乐趣，培养创客的创新意识与能力，进一步提升创客的劳动素养。

本章主要知识点

➢　自制防脱发、黑发洗发水
➢　自制薄荷膏
➢　自制护手霜
➢　提取桉树叶精油
➢　提取橙皮精油
➢　提取生姜精油
➢　自制驱蚊液
➢　自制 84 消毒剂
➢　自制止咳化痰清润柠檬膏
➢　自制叶子花免洗手液
➢　自制中药漱口水

第一节　自制防脱发、黑发洗发水

知识链接

　　洗发水是家庭的必备洗护用品，应用市场非常广泛，随着人们对美好生活的追求，洗发水不止只有清洁的功效，越来越多的人选择具有护发、黑发、防脱发等功能的洗发水，因此中药洗发水越来越受追捧。

　　头发生长主要靠毛囊，毛囊从发根包裹头发，生长头发，从毛孔顶出。毛囊只负责生长，不固定头发。毛囊和发根本身就是松耦合。发根松动导致脱发，主要是毛孔周围组织的问题。

毛孔由表皮细胞组成，细胞膨大饱满有弹性，向内挤压，收缩孔洞，从而固定住头发，使头发在毛孔中不会转动、不会轻易脱落。大家可以想象，毛孔周围的细胞膨胀，就像一个个充满气的气球，紧紧地叠加在一起，挤压中间的头发，从而固定住头发；如果这些气球放掉三分之一的气，则向内的挤压力会大大减少，头发更容易脱发。如果放掉一半的气，气球松弛，对中间的头发也就没有什么固定作用了，稍微用力就可以把头发拔脱。这就是脱发的根本原因。

洗发水中的化工类激素物质作为外部使用微量，促进细胞增生、膨大，并促进细胞分裂生长。细胞一经接触洗发水中的化工类激素物质就会大量吸收体液，就像充了气的气球一样。细胞代谢周期是 48 小时，当一个代谢周期结束，细胞就会恢复原来的状态。这也就是常规防脱发洗发水的作用原理。

今天给大家介绍另一种防脱发洗发水的制作工艺，采用的是皂角、无患子、何首乌、当归、侧柏叶、白芷、生姜、茶籽粉等中药材制作的毛基质营养液洗发水。其中，皂角为保健品、化妆品及洗涤用品的天然原料，可以清理毛囊；无患子泡沫丰富，清洁能力强，用于洗头亦可预防头皮屑，具有去屑止痒功效，它的 pH 值为 5～7，呈自然酸性，是纯天然的活性剂，不伤皮肤；何首乌可补益精血、乌须发、强筋骨、补肝肾，是常见贵中药材；当归有补血和血、抗老防老、提高免疫力的功效，头发干枯、脱发的人可以加入当归；侧柏叶有凉血止血、生发乌发的功效，用于脱发、须发早白，具有淡淡的香味；白芷有祛风解表、散寒止痛、除湿通窍、消肿排脓的功效，头皮油腻发痒可以加入白芷；生姜可以提气祛风，有生发、防治脱发等功效；茶籽粉含天然的茶皂素，具有杀菌、解毒止痒的功效。防脱黑发中药洗发水是将头皮细胞生长所需营养喷涂在头皮表层，表皮吸收后，直接促进头皮细胞生长和恢复，通过一段时间的营养修复，表皮细胞自发恢复健康状态。

制备中药洗发水的几点注意事项：① 中药成分的配比，这个配比是按资料改良，自己尝试一段时间后得出的，感觉效果可以；② 用电子瓦煲煲出来的中药黏稠度低，有视频资料显示可以使用增稠剂，本人试过，效果一般，而且放冰箱保存时，温度降低，增稠剂会析出来；③ 中药洗发水本身的起泡效果不是特别好，可以选择添加氨基酸起泡剂。

项目任务

制作防脱发、黑发中药洗发水。

探究活动

所需器材：当归 10g，皂角 200g，黑芝麻 10g，白芷 30g，生姜 20g，无患子 100g，何首乌 50g，侧柏叶 120g，茶籽粉 20g，氨基酸起泡剂 30mL。

探究步骤

（1）准备好中药材：当归 10g，皂角 200g，黑芝麻 10g，白芷 30g，生姜 20g，无患子 100g，何首乌 50g，侧柏叶 120g，茶籽粉 20g，如图 2.1 所示。

（2）上述中药尽量捣碎，放入陶瓷锅里，用淘米水浸泡中药一晚，如图 2.2 所示。

（3）小火熬制中药 5 个小时左右，把中药用过滤网捞起来，剩滤液，如图 2.3 所示。

（4）滤液转移到锅里，尽量用瓦锅，继续小火熬制浓缩，大概剩 500mL，如图 2.4 所示。

（5）滤液转移到大容器碗里，放置冷却，加入氨基酸起泡剂 30mL 搅拌，如图 2.5 所示。

（6）装瓶待用，尽量保存在冰箱里，如图 2.6 所示。

图 2.1　准备中药材　　　　图 2.2　浸泡　　　　图 2.3　慢炖后去渣

图 2.4　熬制浓缩　　　　图 2.5　转移冷却　　　　图 2.6　装瓶

想一想

1．为什么用淘米水浸泡中药一段时间？
2．煲中药一般选择陶瓷器皿，而不选金属器皿，为什么？

温馨提示

1．防止洗发水入眼。
2．严禁儿童操作。

成果展示

图 2.7　做好的洗发水

制作好的中药洗发水如图 2.7 所示。这意味着防脱发、黑发洗发水已制造成功。可以让身边的亲友试一试，分享成果，还可以创建 DV 并将其发送到朋友圈，让更多人可以分享这一成果。

思维拓展

市面上的中药洗发水多种多样，功能也不同。如皂角中药洗发水、生姜洗发水、侧柏叶洗发水、黑芝麻何首乌洗发水等，只是牌子不同而已。想要天然无添加的洗发水，还可以从哪些方面进行创新？其实，您可以从工艺、材质、品种、包装、功能、装置、味道、颜色、拓展等方面扩展创新思维形成您的创意，如图 2.8 所示为洗发水制作创新思维示意图。

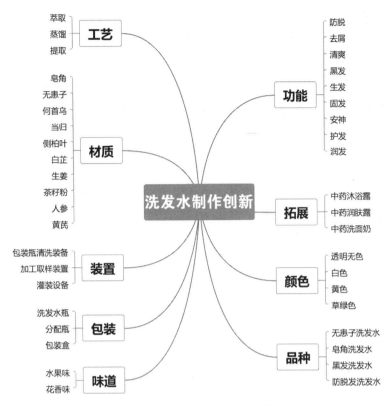

图 2.8　洗发水制作创新思维示意图

想创就创

广东松山湖臻德生物医药科技有限公司的黄海阳、程宏辉、周福生、侯少贞、许仕杰、李耿、黄纯美等人发明了一种复方中药乌发防脱发洗发水的制备方法，其国家专利申请号：ZL201810879075.X。

本发明涉及日用洗护技术领域，具体涉及一种复方中药乌发防脱发洗发水及其制备方法。所述复方中药乌发防脱发洗发水包括如下重量份的组分：洗发水基质100～118份、五指毛桃提取物3～8份和生姜提取物3～8份。本发明的复方中药乌发防脱发洗发水起到基本的洗发、清洁头皮和头发的功能，应用传统中医药理论和现代细胞学技术相结合，五指毛桃提取物和生姜提取物以重量比3～8∶3～8混合，五指毛桃提取物与生姜提取物协同增效，以达到乌发亮发、预防脱发的效果。

请您下载该专利技术方案并认真阅读，找出它的创意和创新点，想想自己有什么启发。模仿以上专利技术创新方法，自己在家制作一种沐浴露或润肤露。

第二节　自制薄荷膏

知识链接

薄荷具有疏风散热、清香升散、解郁之功效，现代医学常用于治疗风热感冒、头痛、咽喉痛等症。薄荷膏是一种加工制作的软膏，为外用药，具有淡淡的清香，有一定的清热解毒之功效，常用于蚊虫叮咬、杀菌止痒，能缓解疼痛。如果感冒，在鼻子上涂抹一点薄荷膏，具有通窍之功效。

橄榄油是油脂中的一种，属于植物油，不溶于水，含有碳碳双键容易被空气中的 O_2 氧化，故橄榄油可以滋润皮肤，还能起到抗氧化的作用。往薄荷膏中添加营养保湿成分，可以让皮肤恢复光泽有活力。本次薄荷膏制备使用新鲜的薄荷叶，用橄榄油慢炖萃取，使薄荷里的精油溶解在橄榄油里，融入 2 颗维生素 E，维生素 E 可以抗氧化，具有延缓衰老之功效。本次制作纯天然、健康无任何添加，制作的基本原理是有机物与有机物相溶，不发生化学反应，能彰显各个成分的功效。

薄荷膏一般是由薄荷、金银花、冰片、薄荷、蜂蜡等中草药制成的。其中，新鲜的薄荷叶捣汁涂抹，可止痒、止痛消肿；金银花清热解毒作用颇强，将其捣烂外敷可用于有红肿热痛的疮痈肿毒；冰片具有开窍醒神、清热散毒、明目退翳的功效；蜂蜡能贴疮生肌止痛。

薄荷膏制备过程的几点注意事项：① 新鲜薄荷叶的量不能太少，尽量选择壮实的薄荷草来做；② 用橄榄油炖的时间不能太短，时间越长，含薄荷精油的成分越多；③ 白蜂蜡的量直接影响薄荷膏的软硬度，可根据所加橄榄油的量来添加；④ 在步骤（7）中要选择耐高温的容器，如玻璃瓶，因为融化的蜂蜡温度比较高，一般的塑料容器温度太高会融化变形。

项目任务

清凉薄荷膏的制备。

探究活动

所需器材：新鲜薄荷 200g，橄榄油 80mL，白蜂蜡 25g，维生素 E 2 颗，捣碎器 1 个，电炖盅 1 个，过滤布 1 张，大烧杯 1 个，加热器 1 个，搅拌棍 1 个。

探究步骤

（1）新薄荷草 200g 清洗干净后晾干，如图 2.9 所示。

（2）去茎取叶子 150g 切碎，放于捣碎器中捣碎，如图 2.10 所示。

（3）转移到炖盅里，倒入 80mL 橄榄油，如图 2.11 所示。

图 2.9　清洗晾干　　　　图 2.10　捣碎薄荷叶　　　　图 2.11　慢炖

（4）选择小火炖 4 小时以上，把渣拿出来过滤，如图 2.12 所示。

（5）过滤后得滤液 80mL，油水分离，下层是水层，倒出上层的油层，也可以用吸管把下层的水层吸走，薄荷精油溶解在橄榄油里，这时得橄榄油 70mL，如图 2.13 所示。

（6）往橄榄油里倒入 25g 白蜂蜡，并加入两个去壳的维生素 E，如图 2.14 所示。

图 2.12　过滤压榨　　　　图 2.13　油水分离　　　　图 2.14　加蜂蜡和维生素 E

（7）加热至融化，如图 2.15 所示；搅拌均匀，如图 2.16 所示；倒入容器中，如图 2.17 所示；等待冷却，静置一段时间，即可得到清凉薄荷膏。

图 2.15　加热融化　　　　图 2.16　搅拌　　　　　图 2.17　倒入容器

想一想

1．为什么薄荷精油溶解在橄榄油里，而不是溶解在水里？
2．白蜂蜡的成分是什么？

温馨提示

1．小心加热过程中烫伤。
2．严禁儿童操作。

成果展示

制作好的清凉薄荷膏如图 2.18 所示。您可以让身边的亲友试用，分享成果，还可以拍成 DV 并将其发送到朋友圈，让更多人可以分享这一成果。

图 2.18　做好的清凉薄荷膏

思维拓展

薄荷膏能防蚊虫叮咬，便于携带，使用安全有效，选择添加的成分不同，功效有所不同。有的添加艾草、金银花、玉竹、当归、冰片等，甚至做成吃的，如雪梨薄荷膏等。例如，复方薄荷油含有水杨酸甲酯、薄荷脑、樟油等，用于缓解头痛、关节痛、肌肉痛等；复方薄荷软膏含有薄荷脑、樟脑、水杨酸甲酯、松节油、桉油等，具有提神、抑菌、止痛和促进伤口愈合等功效。结合制作过程，还可以从哪些方面进行创新？其实，您可以从工艺、品种、包装、味道、颜色、形状、拓展、功能等方面扩展创新思维形成您的创意，如图 2.19 所示为薄荷膏制作创新思维示意图。

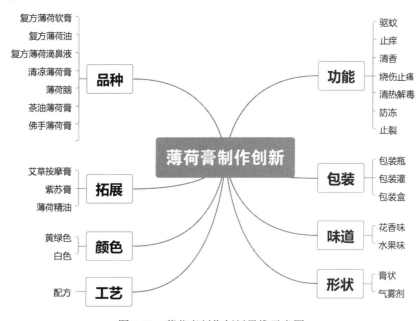

图 2.19　薄荷膏制作创新思维示意图

想创就创

上海中华药业南通有限公司的赵永国发明了一种薄荷膏的制备工艺，其国家专利申请号：ZL201510071443.4。

本发明公开了薄荷膏由以下重量份的原料组成：薄荷脑 150～170 份、樟脑 90～110 份、水杨酸甲酯 90～110 份、桉油 50～70 份、玫瑰油 90～110 份、石蜡 170～190 份、地蜡 2～4 份、白凡士林 236～358 份。本发明还公开了薄荷膏的制备工艺。该发明的产品可用于解决预防冻伤及皮肤粗糙的问题，具有活血化瘀、通经活络、消肿祛寒、止痒生肌、手足裂口愈合和创伤恢复的作用，适用于各种程度的冻疮、红肿、痒、溃烂，具有防冻、治冻、消肿、生肌、止痒、止裂的作用，是一种适合四季所用、冬天可以替代防冻霜的产品。

请您下载该专利技术方案并认真阅读，找出它的创意和创新点，想想自己有什么启发。模仿以上专利技术创新方法，学习常见中药的功效和用途，自制佛手薄荷膏。

第三节 自制护手霜

知识链接

护手霜是一种能愈合及抚平肌肤裂痕、有效预防及治疗秋冬季手部粗糙干裂的护肤产品，秋冬季节经常使用可以使手部皮肤更加细嫩滋润。护手霜的主要功能与护肤霜类似，是以保持皮肤，特别是皮肤最外面的角质层总适度水分为目的而使用的化妆品。它的特点是不仅能保持皮肤水分的平衡，而且还能补充重要的油性成分、亲水性保湿成分和水分，并能作为活性成分和药剂的载体，使之为皮肤所吸收，达到调理和营养皮肤的目的。

护手霜和护肤霜的成分基本相同，其中的成分大致可以分为四大类，即水相成分、油相成分、乳化剂及其他组分。首先，油相成分通常采用橄榄油。橄榄油滋润皮肤，能改善肌肤的粗糙，减少水分的流失，能让皮肤长时间保持水润，还能促进细胞的再生，有提亮肤色的作用。其次，水相成分通常采用甘油（丙三醇）和丁二醇。甘油（丙三醇）适合干燥寒冷的冬季，皮肤油脂分泌减少，皮肤容易干裂，涂上甘油可以形成一层保护膜，将外界的空气与皮肤隔离，抵挡外界因素对皮肤的侵袭；丁二醇常用于护肤品中，对皮肤起到保湿的作用，而且清爽，没有油腻感，安全性能比较高，既能为皮肤补水，又能牢牢锁住皮肤的水分，能够有效缓解皮肤干燥的问题。再次，乳化剂是一类能使互不相溶的液体形成稳定乳状液的有机化合物，含有表面活性的物质，能降低液体间的表面张力，使互不相溶的液体混溶，形成乳液。最后，维生素 E 也常常作为护手霜制作原料，维生素 E 具有强还原性、抗氧化性，能够保护皮肤免受自由基的氧化损害，能够帮助修复皮肤使之有活力。

皮肤会分泌油脂，油脂本身能起到防干裂的作用。橄榄油是油脂中的一种，属于植物油，含有碳碳双键，碳碳双键容易被空气中的 O_2 氧化，故橄榄油除了可以滋润皮肤还能清除体内含氧化性的自由基，起到抗氧化的作用。丙三醇含有三个羟基（-OH），丁二醇含有两个羟基（-OH），羟基属于亲水基团，易溶于水，能与水以任意比例互溶，故能吸收溶解空气中的水蒸气，起到补水的作用。维生素 E 具有强还原性，能与体内有氧化性的自由基发生反应，能延缓衰老，可内服，也可外用。

项目任务

制备护手霜。

探究活动

所需器材：纯净水 120mL，橄榄油 10mL，甘油 3mL，丁二醇 3mL，乳化剂（赛比克 EG）5mL，维生素 E 1 颗，搅拌棒 1 个，烧杯 1 个，量杯 1 个。

探究步骤

（1）烧杯洗干净，往烧杯中注入 120mL 的蒸馏水，如图 2.20 所示。

（2）把准备好的 10mL 橄榄油、3mL 甘油、3mL 丁二醇、5mL 乳化剂等药品全部倒入烧杯中，如图 2.21 所示；将 1 颗维生素 E 去壳，挤入烧杯中，准备好搅拌棒搅拌，如图 2.22 所示。

图 2.20　加蒸馏水　　　　　图 2.21　药品倒入烧杯中　　　　图 2.22　混合溶液搅拌

（3）用搅拌棒同方向充分搅拌 2～3 分钟，确保搅拌均匀，如图 2.23 所示；放置 5 分钟左右。

（4）准备好干净的针筒和瓶子，如图 2.24 所示；把护手霜装入瓶子或者袋子里，如图 2.25 所示。

图 2.23　搅拌均匀　　　　　　　图 2.24　准备装瓶　　　　　　图 2.25　护手霜入瓶

想一想

1. 乳化剂的多少影响护手霜的黏稠度，乳化剂如果凝固在瓶子里，如何取出来？
2. 本项目为什么要用乳化剂？

温馨提示

1. 禁明火。
2. 严禁儿童操作。

成果展示

把自制好的护手霜装入瓶子，如图 2.26 所示。大家可以让身边的亲戚、朋友来试用，分享您的成果，也可以拍成 DV 发到朋友圈，让更多的人分享这一成果。

图 2.26　做好的护手霜

思维拓展

不同的护手霜有不同的功效，如保湿、美白、除角质等，例如玫瑰香型护手霜含有玫瑰提取物，可以为手部肌肤补充水分，滋润但不油腻。另外，还可以从哪些方面进行创新？我们是否可以改进配方与工艺，做出具有一定药用功能的护手霜，甚至是面霜、洗面奶等？其实，您可以从工艺、品种、包装、功能、装置、味道、形状、拓展等方面扩展创新思维形成您的创意，如图 2.27 所示为护手霜制作创新思维示意图。

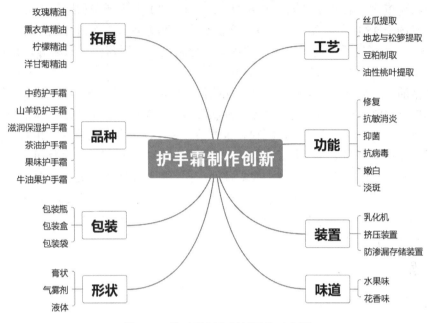

图 2.27　护手霜制作创新思维示意图

想创就创

上海市第七人民医院的盖云发明了一种中药保湿护手霜的制备方法，其国家专利申请号：ZL201810927336.0。

本发明涉及一种中药保湿护手霜，由下列重量份的原料组成：5%卡波姆 29～31 份、单硬脂酸甘油酯 9～11 份、海藻酸钠 5～7 份、淡竹叶 8～10 份、蒲公英 23～25 份、金银花 23～25 份、当归 8～10 份、薄荷 8～10 份、百合 17～19 份、杏仁（苦）8～10 份、桑叶 17～19 份、荷叶 8～10 份、蒸馏水 10 份、馨鲜酮 0.5 份。本发明还涉及上述护手霜的制备方法。本发明的中药保湿护手霜可以有效防止皮肤粗糙，适合在秋冬季使用，保护手部皮肤，无任何毒副作用，美白效果显著。本发明采用中药提取物作为活性成分，纯天然，无刺激，尤其适用于皮肤敏感人群，效果显著。

请您下载该专利技术方案并认真阅读，找出它的创意和创新点，想想自己有什么启发。模仿以上专利技术创新方法，学习常见中药的功效和用途，在家制作一种具有消毒功效的护手霜。

第四节　提取桉树叶精油

知识链接

桉树又名尤加利树，桃金娘科桉属植物，原产于澳大利亚及附近岛屿，是世界三大速生树种之一。桉树为常绿乔木，树冠形状呈尖塔形、多枝形和垂枝形等形状，喜光，好湿，耐旱，抗热，具有适应性强、生长快，速生丰产性能好、产量高、周期短等优点。其树种多达945 种，分布跨度大，表现差异大，迄今为止，已有 120 多个国家和地区先后引种了不同品种的桉树。我国于 1890 年开始引入，现已广泛分布于南方各省。桉树叶可提炼挥发油，是植物精油的一种，广泛用于香料调味业、香水业、化妆品业、医药化工原料等，具有镇痛、解热、平喘等功效，并且精油还有杀菌、抗虫等作用。

桉树叶精油常见的制取方法有蒸馏法、脂吸法、浸渍法、榨取法、浸泡法、压缩法。桉树叶精油又称白千层脑、桉树脑，是一种无色油状液体，由桉树油、玉树油、樟脑油、月桂叶油等物质中提取而来，广泛用于医药、配制牙膏香精、驱蚊、杀毒、醒神等。其主要组成为 1,8-桉叶素（80%以上）、莰烯、水芹烯、松油醇、乙酸香叶醇、异戊醛、香茅醛和胡椒酮等。用水蒸气蒸馏法从蓝桉、桉树等的叶、枝中提取精油，再精制加工制得，提取率为 2%～3%。

桉树叶精油为无色或微黄色液体，呈特有清凉尖刺桉叶香气并带几分樟脑气味，带些药气，有辣口清凉感，香气强烈但不持久；有一定的防霉及杀菌防腐作用，几乎不溶于水，溶于乙醇、油和脂肪，沸点为 50℃。

项目任务

了解精油的制备原理，掌握实验操作过程，了解蒸馏的原理。

探究活动

所需器材：剪刀、烧杯、带塞子的大玻璃罐、蛇形冷凝管、直形冷凝管、试剂瓶、电热炉、圆底烧瓶、酒精灯、点火器、温度计（量程 300℃）、细叶桉叶、95%酒精。

探究步骤

（1）从桉树枝上摘下桉树叶，将桉叶剪碎，如图 2.28 所示；放进多功能电动搅拌杯，如图 2.29 所示；选择研磨键，研磨 3 分钟，如图 2.30 所示。

图 2.28　摘叶剪碎　　　　图 2.29　装入研磨杯　　　　图 2.30　打粉

（2）将粉碎后的桉叶粉倒入一个塑料盆中，如图 2.31 所示；戴上手套，用小勺子将粉末装进玻璃罐，如图 2.32 所示；大约装入五分之四罐，如图 2.33 所示；接着倒入 95%的酒精浸泡，如图 2.34 所示；以酒精泡过叶粉面 2cm 为宜，摇匀一下，如图 2.35 所示；盖好玻璃塞，存放到阴凉处，如图 2.36 所示。

（3）将浸泡后的桉叶粉酒精混合物移入圆底烧瓶，如图 2.37 所示，约装占烧瓶三分之二的容积。

图 2.31 倒出叶粉

图 2.32 装罐

图 2.33 装好罐的桉叶粉

图 2.34 倒入酒精

图 2.35 摇匀

图 2.36 静置泡浸

（4）将装好混合物的圆底烧瓶放到电热炉上，如图 2.38 所示；接上已连上橡胶管的蛇形冷凝管，如图 2.39 所示。

图 2.37 移入圆底烧瓶

图 2.38 固定在电热炉上

图 2.39 接上冷凝管

（5）将下端橡胶管连接水龙头，打开水龙头；插上电热炉电源，慢慢调节电热炉电压至 220V，如图 2.40 所示；让电热炉慢慢加热圆底烧瓶，观察烧瓶中的现象变化，假如沸腾厉害，调低电压，回流大约 30 分钟后，烧瓶中混合物呈现褐色，如图 2.41 所示；拔掉电源，停止加热，自然冷却至室温，关闭水龙头。

（6）用 300℃的量程温度计，直形冷凝管等按图 2.42 所示装好实验装置，检查装置气密性。

（7）将回流冷却后的烧瓶接上蒸馏连接管，加热并收集沸点在 80℃左右的馏分，如图 2.43 所示。

（8）将收集的馏分倒入试剂瓶中，桉树叶精油提取完毕，如图 2.44 所示。

（9）制作桉树叶精油的信息卡片如表 2.1 所示。

图 2.40 调电热炉电压

图 2.41 混合液呈现褐色

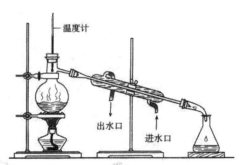

图 2.42 蒸馏冷凝装置示意图

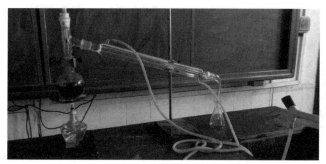

图 2.43 蒸馏

图 2.44 桉树叶精油

表 2.1 桉树叶精油信息表

成分	异戊醛、香茅醛（极少）、乙醇、1,8-桉叶素
性能	无色透明、气味芬芳、易挥发
功能	驱蚊、消炎、杀菌、防霉、醒神、净化空气

想一想

1．回流的作用是什么？

2．该实验为什么采用无水酒精作为溶剂，改用苯可以吗？

3．蒸馏操作时，冷水从哪个口引入？这样做的好处是什么？

温馨提示

1．活动用到刀具，使用注意安全。

2．活动用到多功能搅拌器，使用后一定要先拔掉电源。

3．活动用到电热炉加热混合物，要注意调试加热的电压，控制加热的速度；用完电热炉后，切记拔下电源。

成果展示

将收集到的馏分倒入试剂瓶中，打开瓶塞闻一闻，香气扑鼻，心情舒畅，如图 2.45 所示，说明您的桉树叶精油已提取成功。由于桉树叶精油具有挥发性，因此应将其转移到棕色瓶中储存和使用，如图 2.46 所示。您可以让身边的亲友试用，分享成果，还可以拍成 DV 并将其发送到朋友圈，让更多人可以分享这一成果。

图 2.45 桉树精油　　　　　　　图 2.46 装在棕色瓶中的桉树叶精油

思维拓展

从桉树叶中提取挥发性精油的方法广泛应用于香料香精工业、香水工业、化妆品工业、医药化工原料等。除了以上提取方法，还有哪些方面可以创新？其实，您可以从提取方法、提取原料、药用功效、创新应用、味道品种、拓展应用、包装设计等方面扩展创新思维形成您的创意，如图 2.47 所示为桉树叶精油提取创新思维示意图。

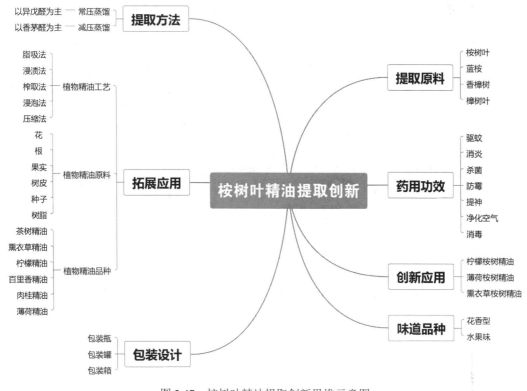

图 2.47　桉树叶精油提取创新思维示意图

想创就创

广西壮族自治区防城港市的秦冬妹发明了一种从桉树叶中提取桉精油的方法，其国家专利申请号：CN201610931620.6。

本发明公开了一种从桉树叶中提取桉精油的方法，工业技术领域在于解决桉树中提取高质量的桉树精油的问题，主要是按下面的步骤进行的：① 原料：新鲜桉树叶、桉树枝；② 用大功率捣碎机将新鲜桉树叶、桉树枝混合捣碎成直径≤0.3cm 的碎屑或纤条；③ 用大型压榨机将桉树碎屑或纤条压榨出一级混合液；④ 将一级混合液进行初步过滤出较大的杂质后用离心机进行沉淀澄清得到二级混合液；⑤ 将二级混合液降低温度至 0℃＜二级混合液温度＜8℃ 析出蜡状物，将析出的蜡状物过滤分离出来后得到三级混合液；⑥ 将三级混合液转入萃取缸，采用二氧化碳超临界流体萃取分离出桉精油。

请您下载该专利技术方案并认真阅读，找出它的创意和创新点，想想自己有什么启发。模仿以上专利技术创新方法，学习常用中药的功效与用途，在家制作一种植物精油。

第五节　提取橙皮精油

知识链接

随着社会的发展，现代人对生活品质的要求越来越高。香精油绿色环保，具有特殊的疗效，能够满足现代人对品质生活、个性生活的追求。橙皮精油是从鲜橙皮、橘皮、柚皮中提取的芳香味混合物，属于植物精油的一种，它的主要成分是 D-柠檬烯，占橙皮精油有效成分的 80%以上。橙皮含油 2.7%左右，主要在约 3mm 厚的外皮中，海绵层不仅少油而且吸油。色泽鲜艳的橙皮易腐烂且常作为废弃物而丢弃，既污染了环境又造成了极大的浪费（柚子皮、橘子皮也是）。因此，如何综合开发这些大量废弃的橙皮，提取像香精油这样有益的化学成分，变废为宝，对减少环境污染、发展地方经济有着重要的现实意义。橙皮香精油中含有丰富的有机化合物，其中有橙子香味成分的烯、有营养价值的酸酯、醇和醛类化合物所占的比例较高，对开发食品、保健品、化妆品和香料等有重要的意义。

精油的提取和分离技术主要有蒸馏法、溶剂提取法、压榨法、吸收法、酶提取法、微波萃取法等。柚皮和橘皮精油都有类似的功效，提取的方法也类似。采用溶剂提取法提取橙皮精油，包括削皮、切碎、晒干、装瓶、倒入高度酒精、浸泡 1~2 周、过滤压汁、装瓶 8 个主要步骤。

橙皮精油在农药领域的应用前景也非常广泛，如在杀虫抗菌方面的应用；柠檬烯还具有良好的抑菌作用，可以应用于医学和食品工业领域，具有皮肤、生理和心灵疗效，对刺激食欲、帮助消化、帮助肝脏排毒等也有很好的效果；橙皮精油可用于蚊虫叮咬、晕车晕船，而且味道好闻，还能缓解精神紧张。此外，相关研究表明，橙皮（柚皮）还可以抗菌消炎和去除自由基，配合薰衣草使用还可淡化妊娠纹及斑痕，在食品、药品和化妆品中有着广泛的应用前景。橙皮精油酒精杀菌液可以在非常时期应用于消杀新型冠状病毒和其他细菌病毒，具有独特效果。

项目任务

简易提取橘子皮精油。

探究活动

所需器材：橘子皮 2 个，陶瓷碗 1 个，1 瓶消毒酒精或 1 瓶伏特加，100mL 玻璃罐 1 个，酸奶玻璃瓶 1 个，刀子，案板，叉子或刀子，简易筛网。

探究步骤

（1）去掉橘子皮内层白色的瓤（会吸收油，降低出油率），然后切成细丝并在太阳底下晒 1～2 天，也可以放到烤箱里或者是家里的暖气片上烤干，如图 2.48 所示。

（2）把晾干的橘皮丝放到一个大小合适的可以密封的玻璃容器里。加入 75% 酒精消毒液（或高度白酒），酒精浸过橘皮丝；放到阴凉处密封保存一周，每天摇一摇罐子，将橘子精油充分溶解出来，如图 2.49 所示。

图 2.48　外皮削出切碎晒干　　　　　　图 2.49　加入 75% 酒精浸没

（3）橘皮丝浸泡 7 天后，瓶中液体就是橘子精油酒精杀菌液，如图 2.50 所示。

（4）使用咖啡过滤器或简易筛网，将橘子皮倒入一个中等大小的碗中，除去残留沉淀物丢弃橘子皮，把瓶中的液体倒到盘里静置蒸发酒精。经过 24 小时蒸发后，将获得新鲜的精油，将精油存放在阴凉处，就可以变成我们家庭版的橘子精油。

图 2.50　橘子精油

想一想

1. 将橘子精油酒精与气球接触，气球会爆炸吗？75%的酒精消毒液与气球接触，气球会爆炸吗？柚子皮精油酒精呢？

2. 用水浴加热（78℃左右）的方法，让酒精挥发，精油会不会挥发？查一查精油的沸点。

温馨提示

1. 注意使用刀具安全。

2. 切忌靠近明火。

成果展示

提取的精油呈现油状、淡黄色，并有橘子皮的特殊气味，说明橘子精油提取成功了。提取的橘子精油可直接使用，如涂抹在太阳穴或鼻子上预防晕车。此时，您可以让身边的亲戚、朋友来试用，分享您的成果，还可以用拍成 DV 发送到朋友圈，让更多人分享这一成果。

思维拓展

从橙皮中提取精油的方法包括直接压榨和浸泡。其他类似于果皮的精油，如柚子皮、橙皮和柠檬皮，也是以类似的方式提取的。另外，橙皮可以自制成橙皮蜜饯、橙皮膏。除了以上提取方法，对于柑橘果皮还有哪些方面可以创新？其实，您可以从工艺、装置、包装、味道、颜色、智能、药用、食品、拓展等方面扩展创新思维形成您的创意，如图 2.51 所示为柑橘类果皮提取创新思维导图。

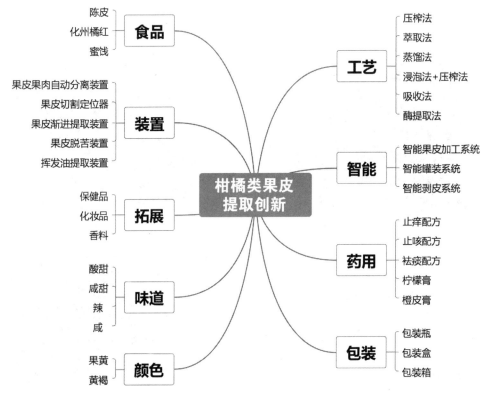

图 2.51　柑橘类果皮提取创新思维导图

想创就创

江西龙橙果业有限公司的陈俊平发明了一种脐橙精油提取装置，其国家专利申请号：ZL201721770767.8。

本实用新型提供了一种脐橙精油提取装置，涉及精油提取技术领域，包括橙皮分层装置、螺旋压榨机、萃取分离装置。所述橙皮分层装置包括互相平行的第一传送带、第二传送带，所述第一传送带表面设有多个呈弧状的凸起，所述第一传送带的传送方向与所述第二传送带的传送方向相反，所述第一传送带与所述第二传送带之间设有分割薄刀，所述分割薄刀位于所述第二传送带上表面沿传送方向的末端上方。所述螺旋压榨机位于分割薄刀的落料一侧。所述萃取分离装置通过连接管与所述螺旋压榨机相连，所述萃取分离装置包括多个依次相连的萃取分离器。根据本实用新型实施的一种脐橙精油提取装置，可以将橙皮的细胞层与白皮层分离，从而大大提高了橙皮精油的纯度。

请您下载该专利技术方案并认真阅读，找出它的创意和创新点，想想自己有什么启发。模仿以上专利技术创新方法，学习常见中药的功效和用途，在家制作一种植物精油。

第六节　提取生姜精油

知识链接

姜，属多年生草本植物，在中国中部、东南部至西南部广为栽培，亚洲热带地区亦常见栽培。其根茎供药用，鲜品或干品可作烹调配料或制成酱菜、糖姜。茎、叶、根均可提取芳香油，用于食品、饮料及化妆品香料中。

从生姜中提取姜油制品的方法主要有水蒸气蒸馏法、溶剂浸提法。水蒸气蒸馏法是利用道尔顿分压定律，将鲜姜或干姜在蒸前捣碎，然后在常压或加压下，通入水蒸气以使姜油在低于其沸点温度下馏出。该法主要获得姜中挥发性较大的精油，而某些酚类衍生物如姜辣素，因其独特的分子结构，难以随水蒸气蒸出，所以水蒸气蒸馏法只能提取姜中部分风味物质，而且蒸馏过程的高温会使姜油的成分、气味、风味发生有害变化。溶剂浸提法获得的姜油所含化学成分与所选用的溶剂有很大关系，但溶剂法易受残留溶剂的污染且会沉淀变色，其用途受到一定限制。所以传统的生姜加工方法所产生的姜油制品存在明显缺陷：① 加工方法本身的局限，使之难以做到色、香、味俱全；② 由于缺乏统一的标准，提取方法不同，产品组分及含量会大相径庭，从而影响其物理性质，给终端的使用带来很大的麻烦。

采用索氏提取器，蒸馏生姜浆（含有水，将水当姜精油素的溶剂），利用水蒸气带出姜浆中的部分精油，收集在提取器中。该操作装备简便，气密性比较好，产品效果良好，值得有兴趣爱好者一试。

索氏提取器就是利用溶剂回流及虹吸原理，使固体物质连续不断地被纯溶剂萃取，既节约溶剂，萃取效率又高。萃取前先将固体物质研碎，以增加固液接触的面积。然后，将固体物质放在滤纸包内，置于提取器中，提取器的下端与盛有浸出溶剂的圆底烧瓶相连，上面接回流冷凝管。加热圆底烧瓶，使溶剂沸腾，蒸气通过连接管上升，进入冷凝管，被冷凝后滴入提取器中，溶剂和固体接触进行萃取，当提取器中溶剂液面达到虹吸管的最高处时，含有萃取物的溶剂虹吸回到烧瓶，因而萃取出一部分物质。然后圆底烧瓶中的浸出溶剂继续蒸发、冷凝、浸出、回流，如此重复，使固体物质不断为纯的浸出溶剂所萃取，将萃取出的物质富集在烧瓶中。液-固萃取是利用溶剂对固体混合物中所需成分的溶解度大、对杂质的溶解度小来达到提取分离的目的的。

项目任务

1. 了解生姜的药用价值。
2. 了解索氏提取器的工作原理。
3. 了解生姜精油提取的操作过程。

探究活动

所需器材： 小刀、烧杯、多功能电动搅拌器、圆底烧瓶、索氏提取器、硅橡胶塞、蛇形冷凝管、试剂瓶、玻璃棒、勺子、酒精灯、带铁圈与铁夹的铁架台、石棉网、生姜500g、酒精 1 瓶 500mL。

探究步骤

（1）清洗生姜表面的泥沙，如图 2.52 所示；洗干净后，用小刀将生姜切小片，用大烧杯盛装好，如图 2.53 所示。

（2）将生姜片倒入搅拌机，如图 2.54 所示；盖好杯盖后，如图 2.55 所示；将杯身装入主机，如图 2.56 所示；插上电源，按启动键后选择研磨功能，如图 2.57 所示。

图 2.52　洗姜

图 2.53　切姜片

图 2.54　生姜片倒入搅拌机

图 2.55　盖好杯盖

图 2.56　杯身装入主机

图 2.57　插电研磨

（3）研磨时间大约 3 分钟即可，姜片被研磨成浆，如图 2.58 所示；按停止键，拔掉电源，取出搅拌杯，将姜浆倒入大烧杯中，如图 2.59 所示。

图 2.58　姜片研成浆

图 2.59　姜浆入倒烧杯

（4）取一段无纺布打开，呈漏斗状放进烧杯，如图 2.60 所示；将姜浆倒入无纺布漏斗中，如图 2.61 所示；提起布漏斗，包裹住姜浆，旋转挤压，让姜汁充分流出，接在烧杯中，如图 2.62 所示。

图 2.60　无纺布放进烧杯　　　　图 2.61　姜浆倒入漏斗　　　　图 2.62　姜汁挤入烧杯中

（5）组装提取装置：将酒精灯放在铁架台上，调节铁架台铁圈的高度，方便加热时用酒精灯外焰加热，将圆底烧瓶固定在垫有石棉网的铁圈上，再将索氏提取器下端磨砂口插入圆底烧瓶口，索氏提取器上口用配套的硅橡胶塞上，稳定好整套装置，如图 2.63 所示。

（6）小心取下索氏提取器平放在桌面上，取下圆底烧瓶，将圆底烧瓶固定在一个大小吻合的圆形器皿上，将姜汁倒入圆底烧瓶中（不宜过满，占容积小于三分之二），如图 2.64 所示。

（7）将装好姜汁的圆底烧瓶装回铁夹，固定好仪器，如图 2.65 所示；接上索氏提取器，再将单孔硅胶塞塞紧提取器上出口，如图 2.66 所示，检查装置稳定性。

图 2.63　提取装置　　图 2.64　姜汁倒入烧瓶中　　图 2.65　烧瓶装回铁夹　　图 2.66　塞紧提取器上出口

（8）取出打火器，点燃酒精灯，放到圆底烧瓶正下方加热，如图 2.67 所示，整个加热过程耗时比较长。中途加装一个蛇形回流装置在提取器上方，如图 2.68 所示；约两小时后，收集到少量无色透明液体，如图 2.69 所示。

（9）达到自己需要后，取出酒精灯熄灭，如图 2.70 所示；等待装置自然冷却到室温，取下索氏提取器，如图 2.71 所示；将提取器中的液体倒入试剂瓶中，如图 2.72 所示；同时用心闻一闻，慢慢体会一下姜精油挥发出来的独特气味。

（10）将装有姜精油的试剂瓶塞紧瓶塞，防止精油挥发过快，如图 2.73 所示；同时贴上标签以便识别，为了保存长久和使用方便，可以改用棕色喷瓶装姜精油，如图 2.74 所示。

图 2.67　圆底烧瓶加热　　图 2.68　蛇形回流装置　　图 2.69　收集透明液体　　图 2.70　熄灭酒精灯

图 2.71　取下索氏提取器　图 2.72　液体倒入试剂瓶　图 2.73　塞紧试剂瓶瓶塞　图 2.74　棕色喷瓶装姜精油

想一想

1. 生姜用搅拌机研磨的目的是什么？
2. 加装蛇形冷凝管做回流装置，能否改用直形冷凝管？

温馨提示

1. 活动用到刀具，使用注意安全。
2. 活动用到多功能搅拌器，使用后一定要先拔掉电源。
3. 用索氏提取器收集生姜精油时，液面切勿高于提取器中的最高支管口，否则液体会发生虹吸现象全部流入圆底烧瓶中。

成果展示

将生姜精油轻轻喷在劳损酸痛的手臂或肩膀上，如图 2.75 所示，按摩一下，会感受到一阵发热的感觉，过后酸痛有所缓解，说明您的姜精油提取成功了。此时，您可以让身边的亲朋好友来试用，分享您的成果，也可以拍成 DV 发到朋友圈，让更多的人分享这一成果。

图 2.75　生姜精油

思维拓展

当然，也可以根据萃取器的工作原理，将干姜粉装入滤纸袋中，放入萃取器中，在圆底烧瓶中加入适量的无水酒精作为浸出溶剂，连接上回流冷凝器到萃取器，重复上面的操作，也可以得到姜精油，效果可能会更好。除了成本高，这种方法也值得一试。除以上提取方法外，还有哪些方面可以创新？其实，您可以从提取方法、加工装置、拓展应用、包装设计、药用功效、加工材料等方面扩展创新思维形成您的创意，如图 2.76 所示为生姜精油提取创新思维示意图。

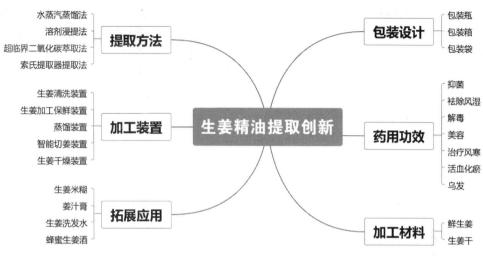

图 2.76 生姜精油提取创新思维示意图

想创就创

广东聿津食品有限公司的谭荣威、田振祥、樊东阳、喻平、杨国涛等人发明了一种生姜精油的制备方法，其国家专利申请号：ZL201610891592.X。

本发明提供一种生姜精油的制备方法，包括如下步骤：① 生姜粉的制备：将生姜洗净、去皮、干燥、粉碎，得到生姜粉；② 生姜油粗品的制备：将步骤①得到的生姜粉装入萃取釜内，超临界 CO_2 由萃取釜底端进入萃取釜内，经第一次萃取和第二次萃取，收集并合并含萃取物的 CO_2，经第一次解析分离和第二次解析分离，收集分离液 I 和分离液 II，合并得到生姜油粗品；③ 生姜精油的制备：将步骤②得到的生姜油粗品在水浴条件下搅拌，进行油水分离，对油相进行真空抽滤，收集得到生姜精油。本发明属于食品添加剂技术领域，提供的方法具有收率高、制备时间短等优点，制得的生姜精油质量好，保质期长。

请您下载该专利技术方案并认真阅读，找出它的创意和创新点，想想自己有什么启发。模仿以上专利技术创新方法，在家自制一种植物药用精油。

第七节 自制驱蚊液

知识链接

防蚊液，即驱蚊水，主要成分为驱蚊胺、酒精，只要涂抹于人体皮肤表面就可以起到驱蚊的效果。涂抹驱蚊水可防止蚊虫叮咬后病毒侵入，可以迅速缓解蚊虫叮咬后的不适。驱蚊水又称"蚊怕水"，涂抹在皮肤上用于缓解蚊虫叮咬的疼痛，也可起到驱赶蚊虫的功效。驱蚊水非常适合户外使用，适合旅游、钓鱼、野营、游泳、散步等，尤其适合儿童户外玩耍。

据研究，蚊子传播的疾病达 80 多种。在地球上，再没有哪种动物比蚊子对人类有更大的危害。我国能传播疾病的蚊子大致可分为三类：一类叫按蚊，俗名疟蚊，主要传播疟疾；另一类叫库蚊，主要传播丝虫病和流行性乙型脑炎；第三类叫伊蚊，身上有黑白斑纹，又叫黑斑蚊，主要传播流行性乙型脑炎和登革热。

消灭蚊子是避免疾病传播、保证人类健康的关键。灭蚊的方法有许多种，成虫比较难消灭。一般蚊子的个头比较小，飞行轨迹不确定，随气流流动性较强，早期人们是用烟熏的方法，现在用气雾剂、灭蚊片等。但这些都对人有一定的危害，特别是对老人和小儿更严重，电子灭蚊拍、灭蚊灯效果比较好。另外还可以自制灭蚊喷剂，方法是：用 1mL 洗洁精兑 200mL 水加入洋葱头挤出的 1mL 汁混合后装入喷瓶。此灭蚊喷剂会使蚊子失去飞行能力，或因神经系统损坏而死亡。

项目任务

了解驱蚊液驱蚊原理，制作简易驱蚊液。

探究活动

所需器材：六神花露水、风油精、洗衣皂、美工刀、直身瓶、小喷雾瓶、干净水、塑料杯或太空杯、一根筷子、pH 试纸、标签贴。

探究步骤

（1）用美工刀轻轻地刮出少量薄薄的肥皂屑到太空杯中，如图 2.77 所示；再往太空杯中倒入三分之二的干净清水，如图 2.78 所示；用一根筷子搅拌，加速肥皂屑的溶解，如图 2.79 所示。

（2）用 pH 试纸测肥皂溶液的 pH 值，大于 7，但远未到 8，属于微弱碱性溶液，如图 2.80 所示。

   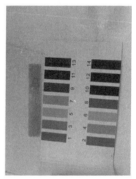

图 2.77　刮肥皂屑　　　　图 2.78　加水　　　　图 2.79　搅拌溶解　　　　图 2.80　测 pH 值

（3）往溶液中倒入少许六神花露水（根据个人喜爱适量增减用量），如图 2.81 所示；用筷子搅拌均匀，如图 2.82 所示。

（4）再往混合液中加入几滴风油精，如图 2.83 所示。

（5）尽快将所得液体倒入直身瓶中，如图 2.84 所示；盖上盖子摇匀，如图 2.85 所示；接着往小喷雾瓶中倒入三分之二瓶液体，拧好小瓶塞，盖好小瓶盖，摇匀。打开小瓶盖，拿起小喷雾瓶对着手背喷一下，慢慢感受一下这款具有驱蚊效果的喷剂带来的皮肤感觉和在空气中散发的味道。

图 2.81 加入花露水

图 2.82 搅拌

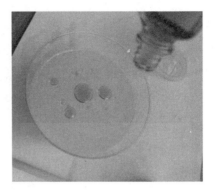
图 2.83 加风油精

（6）贴上标签，如图 2.86 所示；放置到阴凉处。需要时拿出来喷一喷，注意不要对着眼睛和伤口喷，最好喷在衣服表面上，驱蚊效果一样好。

图 2.84 装瓶

图 2.85 摇匀

图 2.86 驱蚊液贴签

想一想

1. 操作过程中发现风油精与水的溶解性怎样？为何要快速将混合液移入直身瓶中并盖上瓶盖？

2. 本产品一次不能配制太多，用完后再根据情况配制，为什么？

温馨提示

1. 使用喷剂时千万别对着眼睛喷。

2. 严禁儿童操作。

成果展示

拿出刚制好的驱蚊液往衣服上喷一喷，一股清香扑鼻而来，蚊子也不见了踪迹，说明您的驱蚊液提取成功了。此时，您可以让身边的亲戚、朋友或同事来试用，分享您的成果，也可以拍成 DV 发到朋友圈，让更多的人分享这一成果。

思维拓展

除了上面讲到的灭蚊的方法，还可以从哪些方面进行创新？其实，您可以从工艺、检测、包装、装置、功能、拓展、味道等方面扩展创新思维形成您的创意，如图 2.87 所示为驱蚊液制作创新思维示意图。

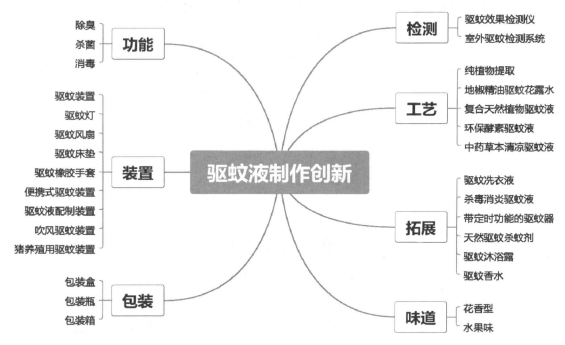

图 2.87　驱蚊液制作创新思维示意图

想创就创

浙江医鼎医用敷料有限公司的仇佩虹、周晓丹、贾继南等人发明了一种止痒驱蚊水胶体敷贴的制备方法，其国家专利申请号：ZL201110128275.X。

本发明涉及一种止痒驱蚊水胶体敷贴的制备方法。其包括 4 个步骤：① 取聚异丁烯医用热熔胶 40～100 重量份在搅拌机中加温 130℃～150℃溶解，形成 A 组分；② 在常温下将来自桃金娘科白干层属植物的新鲜枝叶经水蒸气蒸馏可得无色至淡黄色的精油（以下简称白干层精油）5～20 重量份、微胶囊 5～20 重量份，混合制成白干层精油微胶囊为 B 组分；③ 将托玛琳粉体（粒径为 200～300 目）5～50 重量份和羧甲基纤维素钠 10～30 重量份缓缓加入 A 组分，进行真空恒温搅拌，温度为 120℃～130℃，时间为 60～90 分钟，然后再缓缓加入 B 组分，进行真空恒温搅拌，温度为 100℃～120℃，时间为 5～15 分钟，形成止痒驱蚊胶；④ 将止痒驱蚊胶注塑成型在离型纸或布上，然后模压成型，再进行模切包装成为产品。本发明所述的止痒驱蚊水胶体敷贴适用于驱逐各种蚊虫叮咬，特别适合于蚊虫叮咬创口的止痒、消肿。

请您下载该专利技术方案并认真阅读，找出它的创意和创新点，想想自己有什么启发。模仿以上专利技术创新方法，学习常见中药的功效和用途，自己在家制作一种植物驱蚊水。

第八节　自制 84 消毒剂

知识链接

84 消毒液是一种以次氯酸钠（NaClO）为主的高效消毒剂，通常为无色或淡黄色液体，可杀灭大肠杆菌，适用于家庭、宾馆、医院、饭店及其他公共场所的物体表面消毒。1984 年，北京地坛医院（原北京第一传染病医院）研制成功能迅速杀灭各类肝炎病毒的消毒液，经北京市卫生局组织专家鉴定，授予应用成果二等奖，定名为"84 肝炎洗消液"，后更名为"84 消毒液"。

84 消毒液一般通过氯气（Cl_2）与氢氧化钠（NaOH）反应制得，反应产物中的次氯酸钠是消毒液的主要成分。例如，$Cl_2+2NaOH=NaClO+NaCl+H_2O$。次氯酸钠是一种强电解质，在水中首先电离生成次氯酸根离子（ClO^-），次氯酸根离子水解生成次氯酸，进一步分解生成新生态氧（氧原子直接构成的物质），其化学性质非常活泼，具有极强的氧化力，在消毒过程中起了极大的作用。

84 消毒液的主要消毒成分是以上化学反应中的三种产物。消毒原理归纳为：① 次氯酸根通过与细菌细胞壁和病毒外壳发生氧化还原作用，使病菌裂解。次氯酸根还能渗入细胞内部，氧化作用于细菌体内的酶，使细菌死亡；② 次氯酸同样具有氧化性，消杀原理同次氯酸根；③ 次氯酸不稳定分解生成新生态氧，新生态氧的极强氧化性使菌体和病毒的蛋白质变性，从而使病原微生物致死；④ 氯离子能显著改变细菌和病毒体的渗透压，导致其因丧失活性而死亡。

我们在家里可利用电解饱和食盐水过程制备少量的 84 消毒液。根据电解池的工作原理，首先，寻找惰性电极作阳极，从旧电池上拆出石墨电极来用作阳极；其次，从易拉罐上剪取金属细条作阴极材料；再次，将几节 5 号碱性干电池串联起来，得到 6～10V 的直流电压；最后，电解饱和食盐水时，连接电源正极的石墨棒（作阳极）放在溶液的底部，连接电源负极的金属细条（作阴极）放在溶液上部。通电时，阳极的电极反应式为：$2Cl^--2e^-=Cl_2\uparrow$，阴极的电极反应式为：$2H_2O+2e^-=H_2\uparrow+2OH^-$，阳极产生的氯气与阴极产生的 OH^- 发生反应：$Cl_2+2OH^-=ClO^-+Cl^-+H_2O$，电解过程的总反应为：$NaCl+H_2O=NaClO+H_2\uparrow$。

项目任务

用低电压直流电电解饱和食盐水制备 84 消毒液。

探究活动

所需器材：饱和食盐水（约 120g 食盐+约 300mL 干净水），1 个小直身带盖塑料瓶（约 350mL），废旧 5 号电池 1 节，新 5 号干电池 5 节，金属薄片若干（可从天地壹号的易拉罐上剪取），电线若干，电路开关 1 个，透明胶 1 卷，热熔胶、打火器、剪刀、钳子，带铁圈的铁架台（或能吊挂小直身塑料瓶的支架）。

探究步骤

（1）取一节废旧的 5 号电池，如图 2.88 所示；用钳子拆解，如图 2.89 所示；取出电池中的碳棒（石墨碳棒），如图 2.90 所示；用纸巾擦干净，备用。

图 2.88　旧电池一节

（2）取下塑料瓶盖，用剪刀尖在盖子中间打一个圆洞，如图 2.91 所示。

（3）取一根导线，把两端的金属丝裸露出来（约 10cm），将一端金属丝绕紧石墨电极的一端，如图 2.92 所示；把石墨电极的另一端插入塑料瓶盖的圆洞，并用热熔胶密封住洞口，如图 2.93 所示；再将盖子盖上塑料瓶拧紧，检查是否漏水，如图 2.94 所示。

图 2.89　拆解旧电池

图 2.90　石墨碳棒

图 2.91　钻洞

图 2.92　绑石墨电极

（4）取下盖子，在塑料瓶的瓶底用剪刀开一个横口，如图 2.95 所示，用于插入阴极；再用剪刀开一个圆洞，如图 2.96 所示，用于移入饱和食盐水和排气。

图 2.93　封口

图 2.94　检查气密性

图 2.95　瓶底开口

图 2.96　用剪刀开口

（5）在大塑料杯中称 120g 食盐，加入约 300mL 干净水，搅拌均匀，使食盐充分溶解，得到饱和食盐水，有少量食盐未溶解属正常现象，如图 2.97 所示。

（6）盖好带阳极的瓶盖倒立，在塑料瓶底部圆洞处接上一个普通漏斗，将饱和食盐水慢慢倒入漏斗，进入塑料瓶中，如图 2.98 所示。

（7）将 5 节新的 5 号干电池串联起来，正极与负极接触用透明胶绑住连接的电池，使之固定，用电压表检测电压，看电池是否连接成功，如果电压接近 8V，说明电池串联成功，如图 2.99 所示。

图 2.97　配饱和食盐水

图 2.98　往瓶中注入盐水

图 2.99　检验电池组是否连接成功

（8）用金属夹夹住金属细条，如图 2.100 所示，从塑料瓶底的横口插入瓶中，最大限度地插入溶液中。

（9）将连接石墨电极的导线另一端接触电池组的正极，在负极一端连接一个电路开关，开关通过导线连接金属细条，如图 2.101 所示。

（10）闭合开关，观察发现石墨电极上冒出气泡并上升到液面，金属片表面有很多密密麻麻的小气泡产生，如图 2.102 所示。持续通电 10 分钟左右，会闻到一股淡淡的刺激性气味，溶液变得朦胧，如图 2.103 所示；这时打开开关，停止通电。等候瓶内溶液再次变成无色清晰透明时，再继续通电，闻到刺激性气味时，再次停止通电，如此反复多次，直到不能闻到明显的刺激性气味时，结束通电。

图 2.100　插入金属细条　　图 2.101　连接电池电路　　图 2.102　通电初期　　图 2.103　通电 10 分钟后

（11）结束反应后，拔出金属片电极，取下直身瓶，把溶液倒入烧杯中，如图 2.104 所示；再用烧杯将溶液倒入另一个干净的矿泉水空瓶中，如图 2.105 所示；贴上标签，如图 2.106 所示。

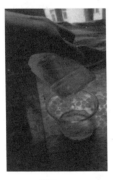  

图 2.104　倒出反应后溶液　　　图 2.105　装瓶　　　图 2.106　贴标签

想一想

1. 怎样在电线两端拉出 10cm 左右的电线金属丝？

2. 电解饱和食盐水时，加入阳极置于溶液上方，阴极在下方，会产生怎样的结果？

3. 假如 120g NaCl 完全电解，得到的消毒液中 NaClO 的含量是多少？

温馨提示

1．该实验必须在通风透气环境下操作。

2．使用热熔胶密封石墨电极与瓶盖时，一定要注意安全，切勿将热胶碰到手部皮肤，以免烧伤。

3．串联电池不宜超过 12V（8 节），以免漏电时人体产生触电感觉。

4．严禁儿童操作。

成果展示

配制 84 消毒液之后，效果如何？取一个塑料碗，放入几片粉红色的卡片纸屑，倒入刚刚做好的 84 消毒液，如图 2.107 所示；几分钟后，纸屑明显褪色，如图 2.108 所示。这意味着 84 种消毒液已经配制成功了。您可以让身边的亲戚、朋友来试用，分享您的成果。你也可以拍成 DV 发到朋友圈，让更多的人分享这一成果。

图 2.107　倒入自制 84 消毒液　　　　图 2.108　几分钟后纸屑褪色

思维拓展

市场上的消毒水种类繁多，功能也各不相同。从 84 消毒液的生产工艺来看，还有哪些方面可以创新？其实，您可以从工艺、品种、包装、药用、装置、拓展等方面扩展创新思维形成您的创意，如图 2.109 所示为 84 消毒液制作创新思维示意图。

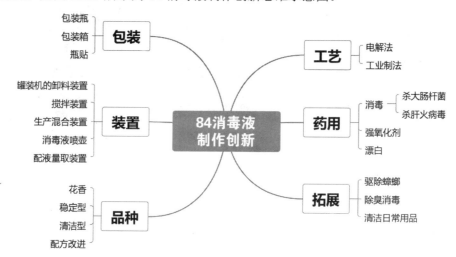

图 2.109　84 消毒液制作创新思维示意图

想创就创

　　武汉市活力消毒用品有限公司的王士生、王胜华、王青山、王青博、李施琦等人共同发明了一种 84 消毒液生产用混合装置，其国家专利申请号：ZL202022267958.0。

　　一种 84 消毒液生产用混合装置包括搅拌机身，所述搅拌机身的底部固定设有电机，且搅拌机身内转动安装有转杆，所述电机的输出轴和转杆的底部传动连接，所述转杆上滑动套有 U 形架，所述 U 形架包括杆一、杆二以及杆三，所述杆一与杆二的一端分别和杆三的两端固定连接。本实用新型电机的输出轴在转动时带动转杆转动，转杆转动带动连接杆转动，连接杆转动带动搅拌叶转动，对搅拌机身内的物料进行搅拌，搅拌完成之后打开管阀排出物料，通过清洗擦的设置，电机带动 U 形架转动，U 形架带动清洗擦转动，方便对搅拌机身的内壁以及底部进行擦洗，通过倾斜沟槽以及杆二上清洗擦的设置，在排出物料时，方便物料排出，减少浪费。

　　请您下载该专利技术方案并认真阅读，找出它的创意和创新点，想想自己有什么启发。模仿以上专利技术创新方法，自己在家制作一种消毒液。

第九节　自制止咳化痰清润柠檬膏

知识链接

　　随着社会经济的发展、生活水平的提高，人们对自身健康越来越重视，保健养生意识也越来越强。膏方养生是一种以预防疾病、促进健康为目的的养生方法。膏方是选用多种滋养性食物或药物，加水煎煮，取汁浓缩后加入辅料熬制而成的一种稠厚状半流质或冻状剂型物质，是一种具有营养滋补和预防治疗作用的膏滋方，又称"膏剂""膏滋"。膏方有荤膏、素膏、清膏、蜜膏之分，蜜膏是指浓缩过滤后的药液以糖类（如蜂蜜、冰糖、红糖、饴糖、麦芽糖）作为辅料收膏而成的稠厚膏剂。以蜂蜜作为辅料的蜜膏口感更好且食用方便、易保存，深受人们的喜爱。

　　川贝陈皮柠檬膏是时下新兴的解毒化痰良方，是用一定比例的川贝、陈皮、柠檬、黄冰糖一起隔水熬炖 12 小时而成的。川贝主要有清热润肺、化痰止咳功效。陈皮理气化痰、止咳作用显著。柠檬有化痰止咳、润肺生津、健脾的功效。冰糖清热润肺。所以川贝陈皮柠檬膏主要具有清热润肺、化痰止咳作用，用于肺热燥咳，肺阴亏虚，干咳少痰或者痰中带血的治疗；同时也有美容养颜、减肥、降血压、降胆固醇、降血脂、助消化、防便秘的作用。

　　柠檬膏为什么要熬制长达 12 小时？一方面是柠檬皮里还有大量的营养成分是不易分解的，其中包括橙皮甙、槲皮素、柠檬素咖啡酸、谷甾醇等。这部分物质在长达 12 小时的时间，高达 100℃ 的水浴加热下能够加速分解成能够被人体吸收利用的物质，从而起到药疗作用；另外一方面是某些物质之间发生了复杂的化学反应，产生了有药效的新物质。

项目任务

　　自制止咳清润柠檬膏。

探究活动

所需器材：柠檬 3 个，黄冰糖 500g，刀和案板，剪刀，碗，陶瓷汤匙，不锈钢盆，天平称，牙签，电炖锅（带炖盅），蒸架，盐，干净毛巾，川贝粉 10g，陈皮 20g，玻璃瓶。

探究步骤

（1）将川贝压碎成粉，如图 2.110 所示；陈皮撕成小块，如图 2.111 所示。

（2）将柠檬冲洗干净，用温水浸泡 15 分钟，然后撒上食盐，用手搓揉，将皮上的蜡质洗去，如图 2.112 所示；然后将盐分等冲洗干净，用干净毛巾吸干表皮水分。

图 2.110　川贝磨粉　　　　图 2.111　撕碎陈皮　　　　图 2.112　食盐搓洗

（3）将柠檬去头尾，切成 1～2mm 的片，用牙签将柠檬籽挑去，如图 2.113 所示。

（4）炖盅底部铺上一层柠檬片，撒上一层黄冰糖，再铺一层柠檬片，如图 2.114 所示；然后再铺一层川贝粉与陈皮，最后铺一层黄冰糖，如图 2.115 所示；把剩下的柠檬与黄冰糖按刚才的方法铺完。

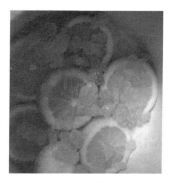

图 2.113　柠檬切片去籽　　　图 2.114　铺柠檬片和冰糖　　　图 2.115　铺川贝粉与陈皮

（5）盖上炖盅的盖子，放入电炖锅中，然后在电炖锅中加入烧开的沸水，启动慢火档隔水炖煮 12 小时，如图 2.116 所示。

提示：① 防止水沸腾溅进炖盅内和防止干烧。② 为了防止干烧和多次续水，炖 3 小时后换成高的炖盅，以增加电炖锅内的水量，减少干烧风险，如图 2.117 和图 2.118 所示。

（6）炖满 12 小时后，关电源让其自然冷却，柠檬表皮和液体呈深褐色，味道清香，如图 2.119 所示。此时，将装柠檬膏的玻璃瓶洗净，然后煮开水消毒杀菌，风干后待柠檬膏完全冷却后装入，如图 2.120 所示。然后放入冰箱冷藏可保存半年之久。食用时可以取适量冲水，再调入适量蜂蜜，口感非常好。

图 2.116　慢火炖煮

图 2.117　3 个小时后

图 2.118　换成高的炖盅

图 2.119　炖满 12 小时

图 2.120　装瓶

想一想

1．在制作柠檬膏时，刀具、菜板、锅、瓶等都不可沾上生水和油脂，这样制作出来的柠檬膏才不会发霉。这是为什么？

2．在炖的过程中，要尽量减少水蒸气进入膏中，为什么？

温馨提示

1．注意用刀安全。

2．注意防止电器干烧。

3．开盖时要注意防止烫伤。

成果展示

止咳化痰清润柠檬膏呈褐色，有一定的黏稠度，有芳香味，酸甜略带苦味，说明柠檬膏制作成功。您也可以让身边的亲友来分享您的成果，享受您自制的止咳化痰清润柠檬膏，还可以拍成 DV 并将其发送到朋友圈，让更多人分享这一成果。

思维拓展

从止咳化痰清润柠檬膏的生产工艺来看，我们对它还有哪些方面可以创新？其实，您还可以从工艺、品种、包装、功效、应用、拓展等方面扩展创新思维形成您的创意，如图 2.121 所示为柠檬膏制作创新思维示意图。

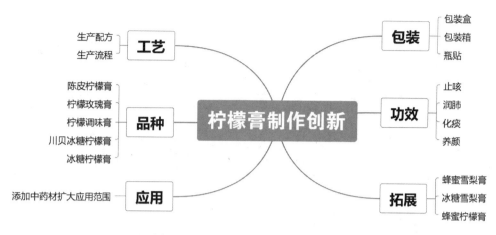

图 2.121　柠檬膏制作创新思维示意图

想创就创

广东润德食品有限公司的余德华、余卓希等人发明了一种柠檬膏的制备方法，其国家专利申请号：CN202110993149.4。

本发明提供一种柠檬膏的制备方法，主要将完整的柠檬果经破碎、初胶磨、熬制，加入果胶酶进行酶解，加糖搅拌后细胶磨，而后巴氏杀菌，最后灌装得柠檬膏。本发明采用完整的柠檬果实制备柠檬膏，所得膏状物中不含颗粒物，兑水后呈现出少量的絮状物，但入口顺滑，口感与喝水无异，其保留了柠檬果实完整的营养元素，具有极佳的保健功效。

请您下载专利技术方案并认真阅读，找出它的创意和创新点，想想自己有什么启发。模仿以上专利技术创新方法，自己在家制作一种柠檬膏。

第十节　自制叶子花免洗手液

知识链接

叶子花，别名勒杜鹃、三角花。叶子花在中国主要分布于福建、广东、海南、广西、云南，南方栽植于庭院、公园、道路两边，主要作用是观赏和美化。叶子花也有一定的药用价值，叶可作药用，捣烂敷患处，有散淤消肿的效果；花可作药材基原，有活血调经、化湿止带的功效。

常见的免洗手液的主要成分是酒精，酒精具有强挥发性，喷涂在皮肤表面很快就挥发掉。由于挥发是吸热过程，所以人体会感受到喷涂酒精的皮肤有阵阵的清凉。酒精同时是一种常用的有机溶剂，可以溶解多种有机物，其中花精油能很好地被酒精溶解，形成稳定均匀的溶液。如果采用叶子花的精油溶于酒精中，制成洗手液，则是一款新颖的有一定功能的洗手液，特别对有瘀伤的皮肤护理有一定的治疗作用。

项目任务

1. 了解叶子花的药用价值。

2．熟悉索氏提取器的使用。

3．了解花香免洗手液制取的操作过程。

探究活动

所需器材

仪器：小刀、烧杯、多功能电动搅拌器、圆底烧瓶、索氏提取器、硅橡胶塞、蛇形冷凝管、软胶管、试剂瓶、玻璃棒、勺子、三头酒精灯、带铁圈与铁夹的铁架台、石棉网。

原材料：叶子花 400g、75%酒精 1 瓶 500mL。

探究步骤

（1）准备约 400g 叶子花，如图 2.122 所示；将花瓣放入搅拌杯中，如图 2.123 所示；往搅拌杯中倒入 300mL 75%的消毒酒精，如图 2.124 所示。

图 2.122　收集叶子花

图 2.123　花瓣放入搅拌杯

图 2.124　倒入 75%酒精

（2）将搅拌杯固定在电机座上，盖好搅拌杯盖，如图 2.125 所示；插上电源，选择果汁功能，启动开关，如图 2.126 所示；电机停止工作后，稍作停顿取下搅拌杯，将花酱倒入烧杯中，如图 2.127 所示；花酱呈绛紫色，如图 2.128 所示。

图 2.125　固定搅拌杯

图 2.126　启动搅拌

图 2.127　倒出花酱

（3）将烧杯中的花酱装入一个 500mL 的细口瓶中，如图 2.129 所示；盖好玻璃塞，如图 2.130 所示，放置于阴凉处两周（冬天两周，夏天 3～4 天即可）。

（4）花酱放置一段时候，上半部会出现褐色，如图 2.131 所示；打开瓶塞，一股清香扑鼻而来。取一段无纺纱铺在一个 500mL 的大烧杯口上，并用一个橡胶圈将无纺纱固定在烧杯上，如图 2.132 所示；最后将花酱慢慢倒到无纺纱布上，一次不要倒出太多，约占无纺纱漏斗一半的容积即可，如图 2.133 所示。

图 2.128　绛紫色的花酱

图 2.129　装入细口瓶

图 2.130　盖好玻璃塞

图 2.131　发酵一段时间后

图 2.132　简单过滤装置

图 2.133　倒出花酱

（5）轻轻拉起无纺纱边沿，将花酱全部包裹住，用手指扭动无纺纱，将花汁液挤出来，如图 2.134 所示。挤干后，去掉花酱泥，重新将无纺纱布固定在烧杯口上，将剩余的花酱分批次按上述操作过滤出花汁液，如图 2.135 所示。最后将烧杯中收集到的花汁液体倒入圆底烧瓶中，如图 2.136 所示。

图 2.134　挤压花酱

图 2.135　循环操作

图 2.136　将过滤液倒入烧瓶

（6）在铁架台上，先根据酒精高度固定好铁圈位置，在铁圈上放置石棉网，再将装有花汁液的圆底烧瓶固定在石棉网上，并用铁夹夹住圆底烧瓶的瓶颈，接着将索氏提取器下端插在圆底烧瓶口上扭紧，再在索氏提取器上口接上蛇形冷凝管扭紧，用铁夹固定冷凝管，如图 2.137 所示。点燃酒精灯，在石棉网下方加热圆底烧瓶，如图 2.138 所示。加热 20 分钟后，在提取器中收集到大约 60mL 无色透明的液体，如图 2.139 所示。

（7）小心移出酒精灯并熄灭，如图 2.140 所示；冷却 10 分钟左右，拆除装置，先松开冷凝管的铁夹，取下冷凝管平放在桌面上，接着小心提起索氏提取器，如图 2.141 所示；细闻索氏提取器中收集到的液体，可以闻到一丝花的香味，如图 2.142 所示。

图 2.137 蒸馏提取装置

图 2.138 加热

图 2.139 冷凝收集

图 2.140 熄灭酒精灯

图 2.141 提起提取器

图 2.142 所得液

（8）从提取器的上口小心地将液体倒入小喷瓶中，如图 2.143 所示；喷瓶上空预留 1cm 空间，盖上喷塞，如图 2.144 所示；将液体全部装好瓶，如图 2.145 所示，便得到了可以随身携带的小瓶花香免洗手液。

图 2.143 装瓶

图 2.144 盖好喷塞

图 2.145 成品

想一想

1. 将叶子花和酒精混合，用搅拌机打磨的目的是什么？
2. 用三头酒精灯加热比用普通酒精灯加热有何优势？

温馨提示

1. 活动用到多功能搅拌器，使用后一定要先拔掉电源。
2. 用索氏提取器收集生姜精油时，液面切勿高于提取器中的最高支管口，否则液体会发生虹吸现象全部流入圆底烧瓶中。

3．实验过程注意安全，严禁儿童操作。

成果展示

将制得的叶子花免洗手液喷到手背上，如图 2.146 所示，一阵清凉的感觉伴随着淡淡清雅的花香，干燥的手背慢慢被滋润，感觉很舒服，说明您的免洗手液制作成功。此时，您可以让身边的亲友来分享您的成果，也可以拍成 DV 并将其发送到朋友圈，让更多人分享这一成果。

图 2.146　亲身体验

思维拓展

从免洗手液的生产工艺来看，我们对它还有哪些方面可以创新？其实，您还可以从工艺、品种、包装、用途、味道、装置等方面扩展创新思维形成您的创意，如图 2.147 所示为免洗手液制作创新思维示意图。

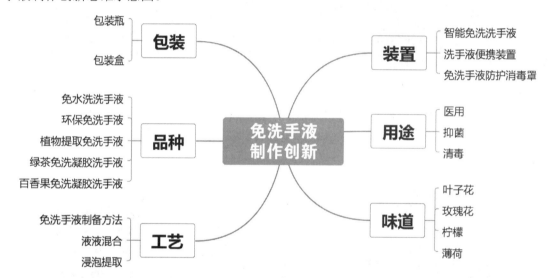

图 2.147　免洗手液制作创新思维示意图

想创就创

吉林大学的周杰、张雪兰、吴浪、刘琪、马沐青、吕明、滕利荣、孟庆繁等人共同发明了一种含猪血抑菌剂的复合免洗洗手液的制备方法，其获得国家专利：ZL201410202512.6。

本发明提供一种含猪血抑菌剂的复合免洗洗手液及其制备方法，以牡丹皮提取浸膏和猪血抑菌剂两种天然抗菌活性组分为主料，制备复合免洗洗手液。两种天然抗菌活性成分的复合使用可以提高复合组分对大肠杆菌、金黄色葡萄球菌、铜绿色假单胞菌、白色念珠菌的抑菌能力，降低牡丹皮提取浸膏和猪血抑菌剂的用量。本发明无须水冲洗，便于在各种条件下使用。其中消毒成分猪血抑菌剂为生物制剂，对皮肤无刺激作用。洗手液制作工艺相对简单，原料价格低廉，便于大规模生产。

请您下载该专利技术方案并认真阅读，找出它的创意和创新点，想想自己有什么启发。模仿以上专利技术创新方法，自己在家学习制作免洗洗手液。

第十一节 自制中药漱口水

知识链接

漱口水也称为含漱剂，主要功效在于清洁口腔，掩盖由于细菌或酵母菌分解食物残渣引起的口臭，以及使口腔内留下舒适清爽的感觉。口腔是一个复杂的生态系统，存在多种细菌，细菌与人体之间始终保持一种动态平衡，形成一种相互制约的系统。由于某些内外因素的作用会打破这种动态平衡，使口腔环境发生改变、菌群失调，从而引发各种口腔问题，如口腔溃疡、牙龈肿痛、口臭等，为了缓解这种症状，很多人选择用漱口水。

漱口水分为药用型漱口水和普通保健型漱口水。药用型漱口水加入了一定的药物成分，根据加入成分不同从而具备不同的功效，如针对蛀牙、口腔溃疡、促进口腔手术之后的伤口愈合以及预防伤口感染等。这类漱口水需要在医生的指导下使用，而且症状得到缓解和消除之后，应暂停使用。普通保健型漱口水在市面上公开出售，品种非常多，这类漱口水最大的作用就是抑菌和清新口气。

漱口水一般含有香味剂、甜味剂、乙醇、保湿剂、表面活性剂、着色剂、防腐剂、精制水、功能添加剂等。香味剂、甜味剂使漱口水在使用时有愉悦感，用香料愉快的气味掩盖口臭；乙醇主要用作助溶剂，帮助溶解其中所使用的脂溶性成分，同时也具备杀菌能力；保湿剂具有保湿、保润功能，能够维持口腔滋润，如甘油等；表面活性剂加溶香精能够清洁口腔，部分具有杀菌、抑菌作用；防腐剂，如苯甲酸和苯甲酸钠等；按漱口水功能要求，功能添加剂有抗菌剂、抗龋剂、防牙菌斑和牙龈炎化合物、消炎剂、脱敏剂、祛臭剂等。

项目任务

1. 认识漱口水的分类与功效。
2. 学会制作中药漱口水，并认识常见的中药成分。

探究活动

所需器材： 养生壶 1 个，电子秤 1 个，玻璃瓶 1 个，冰片，百花蛇舌草。

探究步骤

（1）准备好工具和药材，如图 2.148 所示。

（2）在养生壶中倒入 1000mL 的水，称取 2g 冰片和 10g 白花蛇舌草放在养生壶中，如图 2.149 所示。

图 2.148 工具和药材

图 2.149 药材放入养生壶中

（3）加热，沸腾后继续小火加热 15 分钟，如图 2.150 所示。

（4）停止加热，把水倒入一个洗干净的玻璃杯中，静置放凉，如图 2.151 所示。

（5）给玻璃杯盖上盖子，放在冰箱中保存，如图 2.152 所示。

图 2.150　小火加热　　　　　图 2.151　倒入玻璃瓶　　　　　图 2.152　冰箱保存

想一想

1．漱口水要放在阴凉处或冰箱里保存，为什么？

2．煲中药一般是用瓦煲或玻璃煲，不用金属器皿，为什么？

温馨提示

自制漱口水，不能饮用。

成果展示

中药漱口水配制成功，如图 2.153 所示。另外，还可以配制其他种类的漱口水，如图 2.154 和图 2.155 所示的红花紫草漱口水和淡竹叶银翘漱口水都具有消炎功效。此时，您可以让身边的亲朋好友来体验漱口水，分享您的成果，也可以拍成 DV 并将其发送到朋友圈，让更多人分享这一成果。

图 2.153　中药漱口水　　　　　图 2.154　红花紫草漱口水　　　　　图 2.155　淡竹叶银翘漱口水

思维拓展

漱口水的制作由配方决定，不同配方的漱口水功效不同。

例如，红花紫草漱口水配方：红花 3g、紫草 3g、甘草 5g、水 1000mL。配制好的漱口水成品如图 2.154 所示，主要用来治疗口腔溃疡；漱口后，有淡淡的甘味，孕妇慎用。其中紫草可以凉血、活血、解毒透疹；甘草，味甘平，具有缓急止痛、调和药性、祛痰止咳、补中益气、清热解毒的作用。

又如，淡竹叶银翘漱口水配方：淡竹叶 10g，连翘 10g，水 1000mL。配制好的漱口水成品如图 2.155 所示，主要用于清热解毒，降燥，除口气；漱口后，味甘带点苦。

再如，金银花薄荷漱口水配方：金银花、薄荷、茉莉、菊花各 5g，水 1000mL。配制好的漱口水主要用于清热解毒，治疗口腔溃疡和牙周炎；漱口后，口感清新有余香。

除此之外，漱口水还可以做哪些创新？其实，您还可以从工艺、品种、包装、配方、拓展、装置等方面扩展创新思维形成您的创意，如图 2.156 所示为漱口水制作创新思维示意图。

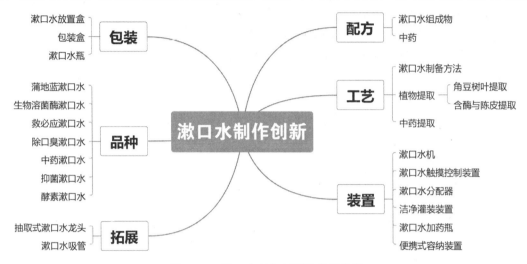

图 2.156 漱口水制作创新思维示意图

想创就创

上海的赵丹青发明了一种纯天然漱口水的制备方法，其国家专利申请号：ZL201510332931.6。

本发明涉及一种漱口水，更具体地说，涉及一种纯天然漱口水及其制备方法。本发明所述的纯天然漱口水含有质量百分比为 0.05%～0.08% 的茶皂素。作为一种优选方案，本发明所述的纯天然漱口水还含有质量百分比为 0.04%～0.07% 的茶多酚和 0.005%～0.006% 的绿原酸。经试验表明，本发明所提供的漱口水的质量远远高于标准要求，无刺激性、无毒、无潜在硬组织损伤潜能，对金黄色葡萄球菌具有较好的抗菌效果。与现有技术的漱口水相比，本发明所提供的漱口水对厌氧菌的抑制效果较好，能够更加明显地缓解口臭。

请您下载该专利技术方案并认真阅读，找出它的创意和创新点，想想自己有什么启发。模仿以上专利技术创新方法，自己在家创新一种漱口水。

本章学习与评价

一、选择题

1. 不宜用煎煮法提取的中药是（   ）。

    A．薄荷　　　　　　　B．人参　　　　　　　C．柴胡

    D．黄芪　　　　　　　E．甘草

2. 既能生发，又能乌发的药物是（   ）。

    A．槐花　　　　　　　B．侧柏叶　　　　　　　C．乌药

    D．柏子仁　　　　　　E．墨旱莲

3．芳香油的提取方法主要分为三种：蒸馏法、萃取法和压榨法。以下关于提取方法的选取认识中，错误的是（　　　）。

    A．若植物有效成分易水解，应采用水蒸气蒸馏法

    B．压榨法适用于柑橘、柠檬等易焦煳原料的提取

    C．水蒸气蒸馏法适用于提取玫瑰油、薄荷油等挥发性强的芳香油

    D．提取玫瑰精油和橘皮精油的实验流程中共有的操作是分液

4．清凉油具有散热、醒脑、提神的功效，其主要成分为薄荷脑（化学式为 $C_{10}H_{20}O$）。下列有关薄荷脑的说法错误的是（　　　）。

    A．薄荷脑是 3 种元素组成的有机物

    B．1 个薄荷脑分子中含有 31 个原子

    C．薄荷脑中碳元素的质量分数最大

    D．薄荷脑中碳、氢元素的质量比为 1∶2

5．化学与生活密切相关。下列说法错误的是（　　　）。

    A．甘油可作护肤品保湿剂，含属于醇等强亲水性物质

    B．碳酸钠可用于去除餐具的油污

    C．活性炭具有除异味和杀菌作用

    D．84 消毒液是以 $NaClO$ 为主要有效成分的消毒液，不能与洁厕灵混用

6．下列食用油不属于植物油的是（　　　）。

    A．花生油　　　　　　B．芝麻油

    C．橄榄油　　　　　　D．牛油

7．油脂的下列性质和用途与其含有的不饱和碳碳双键无关的是（　　　）。

    A．某些油脂兼有酯和烯烃的一些化学性质

    B．橄榄油在一定条件下不能与氢气发生加成反应

    C．油脂可以为人体提供能量

    D．植物油可用于生产氢化植物油

8．使用下列食品添加剂不会改变原分散系种类的是（　　　）。

    A．乳化剂　　　　　　B．防腐剂

    C．增稠剂　　　　　　D．凝固剂

9．共和国勋章获得者屠呦呦说："青蒿素是中国传统医药献给人类的一份礼物。"从植物青蒿中提取青蒿素的流程如图 2.157 所示。

图 2.157　提取青蒿素的流程

该流程涉及如图 2.158 所示实验操作，没有用到的是（　　　）。

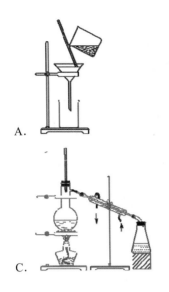

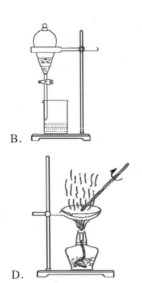

图 2.158　实验操作

二、填空题

1. 表面活性剂是由性质相反的两部分组成，一部分是＿＿＿＿＿＿；另一部分是＿＿＿＿＿＿。

2. 蚕对许多有毒有害气体非常敏感，饲养人员长期以来养成了蚕室内禁止使用蚊香类产品的习惯，因此如何使家蚕饲养人员避免蚊子叮咬成了某生物小组研究的课题。该小组拟用以下两种方案。

方案一：驱蚊液

该小组选取 4 种不同成分的驱蚊液（以清水为空白对照）测定其对家蚕的毒性，数据如表 2.2 所示。

表 2.2　驱蚊液对家蚕的毒性对比表

样 品 编 号	2 龄蚕成活率	3 龄蚕成活率	4 龄蚕成活率
1	86.67%	90.00%	90.00%
2	90.00%	93.33%	93.33%
3	83.33%	86.67%	90.00%
4	76.67%	80.00%	83.33%
清水	90.00%	93.33%	96.67%

注：蚕卵刚孵化出来称为蚁蚕，蚁蚕蜕皮后称为 2 龄蚕，以后每蜕皮 1 次就增加 1 龄。

（1）上述探究实验的变量为＿＿＿＿＿＿＿＿＿＿＿＿＿＿＿＿＿＿＿＿＿＿＿＿＿＿＿＿＿＿。

（2）根据实验结果，饲养人员最好选用编号＿＿＿＿＿＿＿＿的驱蚊液。

方案二：防蚊衣

为防止蚊子叮咬，饲养人员可穿着较厚的长袖衣裤进入蚕室。从传染病防治角度来看，这属于＿＿＿＿＿＿＿＿＿＿＿＿＿＿。这样做可以防止蚊子传播＿＿＿＿＿＿＿＿＿（填字母）。

　　A．感冒　　　　B．细菌性痢疾　　　　C．狂犬病　　　　D．疟疾

3. 在图片内写出玻璃仪器的名称，如图 2.159 所示。

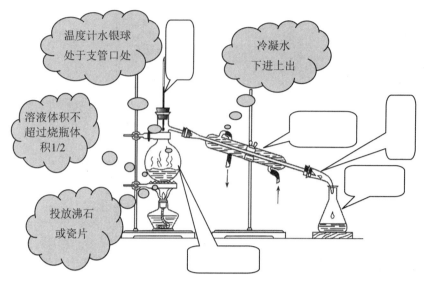

图 2.159　实验装置

4．请回答下列与实验室提取芳香油有关的问题。

（1）植物芳香油的提取可采用的方法有压榨法、_____和_____。

（2）芳香油溶解性的特点是不溶于_____，易溶于_____。

（3）薄荷油是挥发性物质，提取薄荷油时应选用_____（"鲜"或"干"）薄荷叶做原料，其原因是_____。

（4）用水蒸气蒸馏法提取薄荷油时，向得到的乳化液中加入氯化钠并放置一段时间后，薄荷油将分布于液体的_____层，原因是_____；加入氯化钠的作用是_____；常用于分离油层和水层的器皿是_____。向分离出的油层中加入无水硫酸钠的作用是_____。

5．如图 2.160 所示是中学化学中常用于混合物的分离和提纯的装置，请根据装置回答问题。

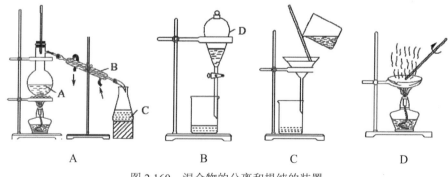

图 2.160　混合物的分离和提纯的装置

（1）从氯化钾溶液中得到氯化钾固体，选择装置_____（填代表装置图的字母，下同）；除去自来水中的 Cl⁻ 等杂质，选择装置_____。

（2）从碘水中分离出 I_2，选择装置_____，该分离方法的名称为_____。

（3）写出仪器名称：A_____、B_____、D_____。

（4）装置 A 中有无错误_____。

（5）除去自来水中的 Cl⁻制取蒸馏水时加热前应先加入几粒沸石，目的是＿＿＿＿＿＿；若实验过程中发现忘记加沸石，应＿＿＿＿＿＿＿＿＿＿＿＿＿＿＿＿＿＿＿＿＿＿。

6．对于混合物的分离或提纯，常采用的方法有：A．分液　B．过滤　C．萃取　D．蒸馏　E．结晶　F．加热分解，下列各组物质的分离或提纯，应选用上述方法的哪一种？（填字母序号）

（1）除去 $Ca(OH)_2$ 溶液中悬浮的 $CaCO_3$：＿＿＿＿＿＿。

（2）分离植物油和水：＿＿＿＿＿＿。

（3）用食用酒精浸泡中草药提取其中的有效成分：＿＿＿＿＿＿。

（4）回收碘的 CCl_4 溶液中的 CCl_4：＿＿＿＿＿＿。

三、填空题

1．海洋植物如海带、海藻中含有大量的碘元素，碘元素以碘离子的形式存在。实验室里从海藻中提取碘的流程如图 2.161 所示。

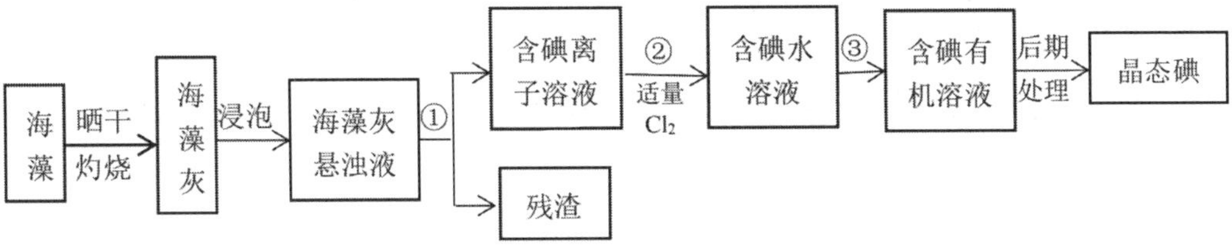

图 2.161　提取碘的流程

（1）指出提取碘的过程中有关的实验操作名称：①＿＿＿＿＿＿，③＿＿＿＿＿＿。

（2）提取碘的过程中，不能选择的有机试剂是＿＿＿＿＿＿。

　　A．酒精　　　　　　B．四氯化碳　　　　　　C．苯

（3）实验操作（见图 2.162）中，实验室已有烧杯以及必要的夹持仪器，尚缺少的玻璃仪器是＿＿＿＿＿＿。

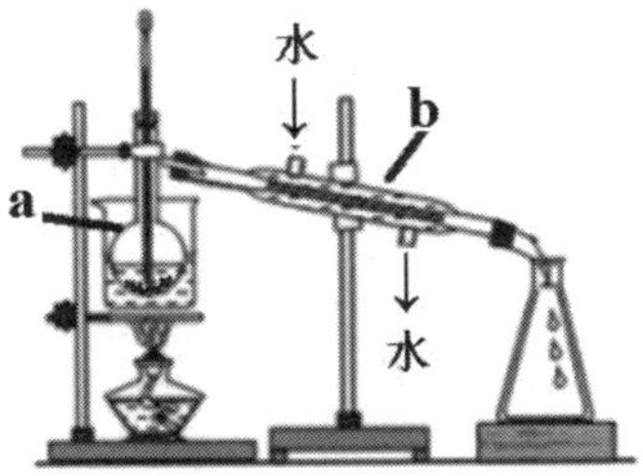

图 2.162　实验装置

（4）装置 a 的名称是＿＿＿＿＿＿，装置 b 的名称是＿＿＿＿＿＿。在 a 中常加入沸石或碎瓷片，其目的是＿＿＿＿＿＿＿＿＿＿＿＿。

（5）从含碘的有机溶液中提取碘和回收有机溶剂，还需经过蒸馏，指出图 2.162 所示实验装置图中的错误之处。

①＿＿＿＿＿＿＿＿＿＿＿＿＿＿＿＿＿＿＿＿＿＿＿＿＿＿＿＿＿＿；

②＿＿＿＿＿＿＿＿＿＿＿＿＿＿＿＿＿＿＿＿＿＿＿＿＿＿＿＿＿＿；

③＿＿＿＿＿＿＿＿＿＿＿＿＿＿＿＿＿＿＿＿＿＿＿＿＿＿＿＿＿＿。

2．我国是生姜的主产国之一，生姜精油在食品香料、制药及化妆品工业中应用前景十分广阔。以下是提取生姜精油的两种工艺流程。

工艺 I：鲜姜、茎、叶→粉碎→水汽蒸馏→①→②→生姜精油

工艺 II：干姜→粉碎→乙醇萃取→③→④→生姜精油

请分析回答：

（1）请写出上述工艺流程中的步骤：

②＿＿＿；

④＿＿＿。

（2）工艺 I 利用的原理是＿＿＿＿＿＿＿＿＿＿＿＿＿＿＿＿＿＿＿＿＿＿＿＿＿＿＿＿＿，
提取的效率主要受＿＿＿＿＿＿＿＿＿＿＿＿＿＿＿＿＿＿＿＿影响。

（3）工艺 II 萃取过程采用水浴加热的原因是＿＿＿＿＿＿＿＿＿＿＿＿＿＿＿＿＿＿＿＿，
提取的效率主要取决于＿＿＿＿＿＿＿＿＿＿＿＿＿＿＿＿＿＿＿＿＿＿＿＿。

（4）两种工艺都经历粉碎操作，目的是＿＿＿＿＿＿＿＿＿＿＿＿＿＿＿＿＿＿＿＿＿＿
（至少答一点）。

（5）提取得到的生姜精油需要低温保存，目的是＿＿＿＿＿＿＿＿＿＿＿＿＿＿＿＿＿＿＿＿。

第三章　日　用　化　学

导言

随着科学技术的飞速发展和人们生活水平的不断提高，许多新型的日用化学品，如漱口水、合成洗涤剂、清洁剂、空气清新剂、油漆涂料和防霉剂等越来越多地进入人们的生活。日用化学品与人们的生活息息相关。近年来，随着我国高新技术的快速发展，纳米技术、信息技术、现代生物、现代分离等诸多高新技术将融入日用化工行业，我国日用化学工业显示出蓬勃的生机和强劲的发展态势。日用化工产品应用领域不断升级改造，向高科技日用化工产品方向发展。因此，各种高新技术的良性互动是发展日用化学品的契机，无疑将成为中国的朝阳产业。

本章将从一些日常生活实例出发，在唇膏、洗衣液、去油洗涤剂、肥皂、水果电池、燃料电池、铝空气电池、香薰蜡烛、固体酒精的制备与消毒剂的使用过程中让创客学习微创新、微改造、错位创新，模仿创新方法，拓展创客的视野，掌握日用化工技术。同时把抽象的化学知识变为形象具体的趣味创客活动，让创客尽快掌握日用品中的化学基础知识。

本章主要知识点

➢ 自制唇膏
➢ 自制洗衣液
➢ 自制去油清洁剂
➢ 肥皂 DIY
➢ 自制水果电池
➢ 自制燃料电池
➢ 自制铝空气电池
➢ 正确使用消毒剂
➢ 自制香薰蜡烛
➢ 自制固体酒精

第一节　自　制　唇　膏

知识链接

唇膏是现代女性的常用化妆品，常用它来修饰唇形、唇色和滋润嘴唇皮肤。嘴唇的皮肤比较脆弱，尤其是冬天，天气干燥，嘴唇容易开裂，润唇膏能够针对特殊的需要，为双唇锁住水分，保持滋润。口红成了许多女性朋友不可或缺的化妆品，根据个人的需要给嘴唇涂上颜色，显得更加有精神，更加妩媚。一抹红唇，是许多时尚摩登女郎妆面的点睛之笔。

唇膏主要由蜡、油脂和色素三大部分组成。蜡一般是长链羧酸和长链醇形成的酯，属于酯类，无毒，制备唇膏常用的有蜂蜡和巴西棕榈蜡等。油是指植物油，含碳碳双键，一般呈液态，如橄榄油、杏仁油、乳木果油等；脂是指动物脂肪，不含碳碳双键，一般呈固态，如猪油、羊毛脂（羊毛上分泌的一种油脂）等。植物合成脂是植物油经处理得到的。制备唇膏一般选择的油脂有橄榄油、羊毛脂和植物合成脂等。油及蜡质都具有较强的吸附性，能将空气中的水蒸气吸附在口唇黏膜上，使嘴唇长久保持水润。色素包括有机色素和无机色素，属于着色剂。维生素 E 具有抗氧化作用，同时能滋润皮肤，使之有活力。

唇膏是现代女性必备的化妆品，市场上的品种很多，主要成分基本不变，根据功能需要，添加的成分各有不同。

项目任务

唇膏的制备。

探究活动

所需器材：蜂蜡 11g，橄榄油 40mL，维生素 E 1 个，100mL 烧杯一个，加热器 1 个，搅拌棒 1 个，口红专用色素 1 瓶 3g。

探究步骤

（1）将烧杯和搅拌棒清洗干净，晾干，如图 3.1 所示。

（2）在烧杯中倒入橄榄油 40mL，倒入色素 3g，搅拌，让其混合均匀，如图 3.2 所示；倒入 11g 蜂蜡，放入 1 颗去皮维生素 E，搅拌，如图 3.3 所示。

图 3.1　烧杯和搅拌棒　　　　图 3.2　加橄榄油与色素　　　　图 3.3　加蜂蜡与维生素 E

（3）放在加热炉上，边搅拌边加热，使橄榄油和蜂蜡充分混合均匀，如图 3.4 所示。

（4）待混合均匀后，趁热将其倒入唇膏管中冷却，冷却期间不能移动，充分冷却静置，如图 3.5 所示。

（5）冷却后，唇膏成形，如图 3.6 所示，盖上盖子待用。

图 3.4　加热融化　　　　图 3.5　倒入磨具　　　　图 3.6　冷却成型

想一想

1．本次实验，唇膏的软硬度由什么来决定？
2．什么是油脂？生活中哪些物质属于油脂？

温馨提示

1．禁明火。
2．严禁儿童操作。

成果展示

制作好的唇膏如图 3.7 所示，说明唇膏制作成功了。此时，您可以让身边的亲戚、朋友来试用，分享您的成果，也可以拍成 DV 发到朋友圈，让更多的人分享这一成果。

图 3.7　做好的唇膏

思维拓展

随着社会的发展与变迁，人们对唇膏的功能要求也越来越高。有些唇膏还会添加一些荧光剂、芳香物，有些还加一些防晒剂。从目前的情况来看，它的生产工艺和材料优化从未停止，唇膏的需求潜力越来越大，还可以从哪些方面进行创新？其实，您还可以从工艺、品种、包装、装置、材料、拓展等方面扩展创新思维形成您的创意，创造出更多的品种，如图 3.8 所示为唇膏制作创新思维示意图。

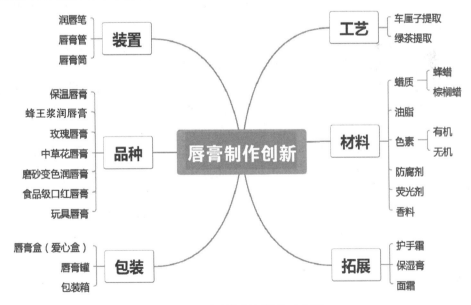

图 3.8　唇膏制作创新思维示意图

想创就创

佛山市雅丽诗化妆品股份有限公司的陈家新发明了一种新型唇膏，其国家专利申请号：ZL201720044993.1。

本实用新型公开了一种新型唇膏，通过在唇膏盖内设置装有不同味道香精的外围腔体，并利用发热部件将香精蒸发，用户能够自由调配不同味道的唇膏，这不仅能够满足用户不同的使用需求，而且还能大幅度降低用户的使用成本。本实用新型的新型唇膏包括唇膏主体及唇膏盖，所述唇膏主体内设置有无味唇膏；唇膏盖顶部或四周设置有控制部件；唇膏盖内侧设置有中部腔体及至少两个外围腔体，其中中部腔体设置在唇膏盖内侧中部，外围腔体环绕中部腔体设置，且中部腔体与外围腔体相连；中部腔体内设置有发热部件及出气孔，唇膏主体与唇膏盖闭合时，出气孔连通唇膏主体与唇膏盖形成的腔体；控制部件与外围腔体及发热部件相连；至少两个外围腔体内加注有香精。

请您下载该专利技术方案并认真阅读，了解其独创性和创新性，想想自己有什么启发。模仿以上专利技术创新方法，学习常见中药的功效和用途，自己在家制作一种新型唇膏或唇膏包装装置。

第二节　自制洗衣液

知识链接

洗衣粉、洗衣液成了家庭必不可少的清洁用品，随着人们生活水平的提高，家庭洗衣机的普遍使用，洗衣液应用在洗衣机上更方便，而且去污能力强，慢慢地洗衣液占据了更大的市场。衣物需要贴身穿，残留在衣服上的洗衣液的化学成分或多或少会对皮肤造成一定的危害，尤其是对婴幼儿及身体抵抗力弱的群体，因此要选择容易过水、健康无危害的洗衣液。自己制作的洗衣液有害成分少，安全又实惠。

洗衣液的有效成分是表面活性剂，一般是非离子型的表面活性剂，其结构包括亲水基和亲油基，其中亲油基与污渍结合，亲水基能溶于水，然后通过物理运动（摩擦、震动）使污渍和织物分离，污渍溶于水。同时表面活性剂能降低水的表面张力，使水能够达到织物表面，使有效成分发挥作用。考虑到洗衣液的去污效果、外观、保质期等，除了表面活性剂，还会有所添加。简单来说，洗衣液就是众多的化学试剂相溶一起制得的，物质间不发生化学反应。

洗衣液一般含有表面活性剂、抑菌剂、固色护色剂、香料、防腐剂等，主要起作用的是表面活性剂。其成分通常包含肥皂、小苏打、NaCl、花露水、柠檬皮水等。肥皂是表面活性剂，主要成分是硬脂酸钠（$C_{17}H_{35}COONa$），能溶解油污。小苏打 $NaHCO_3$ 溶液显弱碱性，油污属于油脂，油脂是高级脂肪酸甘油酯，在碱性条件下彻底水解，产物是高级脂肪酸钠盐和甘油，两者均可溶于水。NaCl 能杀菌、固色，可以防止衣物掉色，防止细菌滋生。花露水可以增加香味，除螨虫。柠檬皮水提供柠檬香味。

项目任务

自制洗衣液。

探究活动

所需器材： 小苏打 20g，柠檬 1 个，花露水 5mL，肥皂 10g，食盐 6g，刀 1 把。

探究步骤

（1）将鲜柠檬皮切成小块，放入 1000mL 水中煮沸，将火调小，文火煮 10 分钟，到时间后将橘子皮取出，剩下的水备用，如图 3.9 所示。

（2）将 20g 小苏打和两小勺食盐（约 6g）放入准备好的柠檬皮水中，搅拌均匀，如图 3.10 所示；准备好 10g 肥皂，用小刀刨碎，备用，如图 3.11 所示。

图 3.9　煮柠檬皮　　　　图 3.10　小苏打、盐放入柠檬水　　　图 3.11　小刀刨碎肥皂

（3）带上一次性手套充分搅拌让肥皂溶解在水中，混合均匀，如图 3.12 所示。

（4）倒入 5mL 花露水，充分搅拌均匀，如图 3.13 所示。

（5）装瓶待用，放在阴凉处，如图 3.14 所示。

图 3.12　溶解肥皂水　　　　图 3.13　加入花露水　　　　图 3.14　装瓶

想一想

1. 步骤（3）中，如何更好地把肥皂溶于水，形成溶液？
2. 小苏打溶液为什么显碱性？

温馨提示

1. 禁明火。
2. 严禁儿童操作。

成果展示

用刚做好的洗衣液清洗蘸有油污的衣服，发现去污效果非常好，说明您的洗衣液制作成功了，如图 3.15 所示。您可以让身边的亲戚、朋友来试用，分享你的成果，也可以拍成 DV 发到朋友圈，让更多的人分享这一成果。

图 3.15　做好的洗衣液

思维拓展

洗衣液一般采用温和的表面活性剂作为原料，不损伤衣物和手。除了刚才的制作工艺，还可以从哪些方面对它进行创新？其实，您还可以从配方、品种、包装、装置、状态、用途等方面扩展创新思维形成您的创意，创造出更多的品种，如图 3.16 所示为洗衣液制作创新思维示意图。

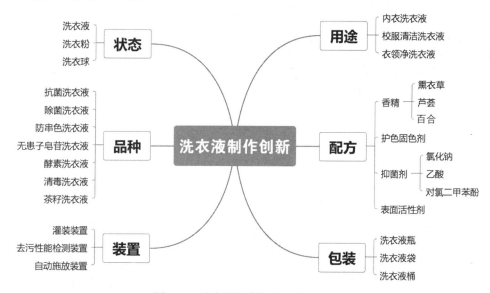

图 3.16　洗衣液制作创新思维示意图

想创就创

武汉创新资源环保循环有限公司的黄友阶发明了一种洗衣液的制备方法，其国家专利申请号：ZL201310134861.4。

本发明公开了一种洗衣液，所述洗衣液的组分及各组分的重量百分比是：皂基：85%～95%；十二烷基磺酸钠：2.5%～4%；香精：0.01%～0.5%；色素：0.01%～0.5%；水：余量。洗衣液的制备方法为：① 将上述洗衣液的组分按比例混合；② 搅拌并加热至 80℃～85℃；③ 冷却后得到洗衣液成品。本发明制备得到的洗衣液具有去污力强、性能温和的特点。

请您下载该专利技术方案并认真阅读，了解其独创性和创新性，想想自己有什么启发。模仿以上专利技术创新方法，自己在家制作一种新型洗衣液。

第三节　自制去油清洁剂

知识链接

清洁剂是一种液体状态的用来洗涤衣物、清洗用具、清洁家具等的清洁产品。它采用多种新型表面活性剂，去污力强，漂洗容易，对皮肤无刺激；最宜洗涤厨具、家具及水果瓜菜。

　　家庭用的食用油大多数都是植物油，属于高级脂肪酸甘油酯，不溶于水，密度比水小，但在碱性条件下容易水解，生成易溶于水的甘油和高级脂肪酸盐。小苏打粉的主要成分是碳酸氢钠，易溶于水，水溶液弱呈碱性，故用小苏打粉配成的清洁剂可以有效清洗碗筷上的油渍。小苏打（$NaHCO_3$）的溶解度随温度的变化如表 3.1 所示。

表 3.1　小苏打（$NaHCO_3$）的溶解度随温度的变化

温度/℃	10	15	20	25	30	35	40	45
溶解度/g	8.15	8.85	9.6	3.35	11.1	11.9	12.7	13.55

　　为了达到理想的去油效果，我们一般配成相对饱和的小苏打清洁剂。如果是在冬天寒冷时节，碗筷上的油腻凝固了，我们可以先用热水泡一下碗筷，再将小苏打清洁剂倒在洗碗布上洗刷碗筷，最后用清水洗干净即可。

　　家庭日用清洗剂品种繁多，其中有专为居室用的清洗家具、地板、墙壁、门窗玻璃的硬表面清洁剂，有洗涤玻璃器皿、塑料用具、珠宝装饰品的专用洗涤剂，有厨房用的清洗餐具、灶具、油烟机和瓷砖的专用洗涤剂，还有厕卫专用的浴盆、便池清洁剂与除臭剂以及地毯清洁剂等。厨房用洗洁精的主要成分是多种表面活性剂和助洗剂，包括烷基苯磺酸钠、脂肪醇聚氧乙烯醚、椰油酸二乙醇胺及三乙醇胺等，还有专门清洗浴盆、冰箱、瓷砖、首饰、炉灶等的各种洗涤剂，成分配方大致也是上述几种物质。

项目任务

　　1．了解小苏打溶液显弱碱性，油脂在碱性条件下易水解的特性。
　　2．掌握制作家庭去油清洁剂的制作方法。

探究活动

　　所需器材：清水、小苏打、药匙、塑料杯、厨房电子秤、直身瓶、穿孔器、pH 试纸、玻璃片、标签贴纸、笔。

　　探究步骤
　　（1）先用穿孔器在直身瓶的瓶盖穿几个小孔，如图 3.17 与图 3.18 所示，方便后面洗碗筷时挤出清洁剂。
　　（2）观察室内温度计，读数为 29℃，对照上表溶解度数据，此时小苏打的溶解度约为 11g。
　　（3）先用电子秤称量直身瓶质量，取下直身瓶，往瓶内装入清水至瓶身约四分之三处，如图 3.19 所示；再次称量，得到瓶内清水质量为 273g，算出需要用到的小苏打粉质量约为 30g。接着用电子秤称量 30g 小苏打，如图 3.20 所示。
　　（4）用药匙慢慢将小苏打粉全部移入直身瓶中，如图 3.21 所示；盖上瓶盖，摇匀，如图 3.22 所示。
　　（5）取一小段 pH 试纸放置在玻璃片上，用干净的玻璃棒蘸取少量的小苏打溶液点滴在试纸上，如图 3.23 所示；显色后，对照比色卡，读数约为 8，如图 3.24 所示；说明溶液呈弱碱性，比较温和，不会对皮肤造成伤害。
　　（6）在直身瓶上贴上清洁剂标签，如图 3.25 所示；放置厨房使用。

图 3.17　钻孔

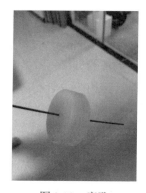
图 3.18　穿孔

图 3.19　往瓶内装入清水

图 3.20　称量小苏打粉

图 3.21　将小苏打粉倒入瓶中

图 3.22　摇匀充分溶解

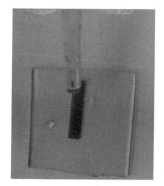
图 3.23　测溶液 pH

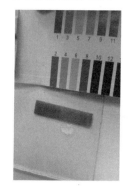
图 3.24　对照比色卡读数

图 3.25　贴清洁剂标签

想一想

1．能不能用苏打粉代替小苏打粉来制作清洁剂？

2．这款清洁剂使用时会不会产生泡沫？泡沫是怎么产生的？

温馨提示

1．实验中用到尖锐的穿孔器，比较危险，使用时一定要小心，在监护人或专业人员指导下正确安全使用。

2．严禁儿童单独操作。

成果展示

用如图 3.25 所示的清洁剂清洗碗筷，看到碗壁上没有停留水珠，证明清洁剂制作成功。此时，您可以让身边的亲戚、朋友、家人以及同事来试用，分享您的成果，也可以拍成 DV 发到朋友圈，让更多的人分享这一成果。

思维拓展

随着人们对清洁用品的要求越来越高，清洗剂的需求潜力越来越大，加上清洁技术与清洗剂配方的不断提高，清洁用品生产得以迅猛发展，已逐步形成了一个较完整的工业体系。从目前的情况来看，我们还可以对清洁剂进行哪些方面的创新？其实，您还可以从状态、包装、装置、用途、功能、拓展等方面扩展创新思维形成您的创意，创造出更多优质品种，如图 3.26 所示为清洁剂制作创新思维示意图。

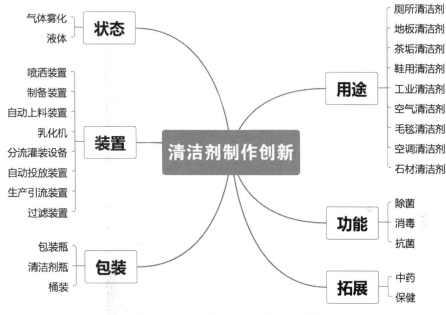

图 3.26 清洁剂制作创新思维示意图

想创就创

广州珺凯清洁剂有限公司的刘洋发明了一种用于浴室与洁具的特效清洁剂，其国家专利申请号：201910566845.X。

本发明属于清洁剂技术领域，具体涉及一种用于浴室与洁具的特效清洁剂，各组分按重量份计，包括水 85～90 份、酸性增稠剂 4～6 份、光亮剂 0.4～0.5 份、乙醇酸 3.5～5.0 份、草酸 1.6～1.9 份、二甲苯磺酸钠 1.5～2.0 份、香精 0.2～0.4 份、氯化钠 1.5～1.8 份、EDTA-2Na0.8～1.2 份与活性剂 0.5～0.9 份。本发明相较现有的清洁剂清洁与杀菌效果更佳，适宜进一步推广应用。

请您下载该专利技术方案并认真阅读，了解其独创性和创新性，想想自己有什么启发。模仿以上专利技术创新方法，自己在家制备一种去污清洁剂。

第四节　肥皂 DIY

知识链接

　　肥皂是居家生活必不可少的日用品，如立白洗衣皂、舒肤佳香皂等。那么买回来的肥皂到底是怎样制造出来的呢？就是利用油脂与碱水发生皂化反应，形成脂肪酸盐的结晶与甘油，脂肪酸盐就是所谓的皂。在这反应中，油脂是酯类，酯类是由有机酸及醇类反应而成：有机酸+醇=酯+水（如乙酸+乙醇=乙酸乙酯+水），而油脂是由脂肪酸（有机酸）+甘油（丙三醇）生成的酯类。所谓的皂化反应，是指油脂和碱性溶液反应生成脂肪酸盐及甘油（油脂+NaOH=脂肪酸钠+甘油）的过程，这是一个放热反应。以 17 碳的脂肪酸为例，17 碳的脂肪酸结构简式为：$RCH_2RCH-RCH_2$（$R=C_{17}H_{35}COO$）

　　反应方程式为：$RCH_2RCH-RCH_2 + 3NaOH \rightarrow 3R-Na + CH_2(OH)CH(OH)CH_2(OH)$

　　反应得到的 R-Na 也就是 $C_{17}H_{35}COONa$ 即皂（也称皂碱或皂盐），$CH_2(OH)CH(OH)CH_2(OH)$ 学名为丙三醇，就是俗称的甘油。

　　酯类或者油脂的分子只带有亲油基，因此它不会溶于水，但与碱反应后形成 R-Na 的结构。R-Na 在水中会解离形成 R^- 与 Na^+，使得 R^- 变成亲水性的，而长链的烷基是亲油性的。因此，R^- 一端会亲油一端会亲水，形成一种天然的活性界面剂。遇到脏污时，亲油端会包覆油污，将大团油污拆解成小团，再保覆小团油污，接着用水一冲，水分子拉着亲水端一起跑，将皂分子连同亲油端吸附着的小团油污一起冲走。这就是皂能清洁皮肤的原理。

项目任务

　　学习制作肥皂的方法，掌握皂化反应的原理、基本操作步骤，分析影响肥皂反应的条件。

探究活动

　　所需器材：植物油、40%的氢氧化钠、固体氯化钠、干净水、小烧杯、三脚架、石棉网、玻璃棒、酒精灯、火柴（点火器）、试管、滤纸、勺子。

　　探究步骤

　　（1）在小烧杯中加入约 10g 植物油，如图 3.27 所示。

　　（2）加入 10mL40%的氢氧化钠溶液，边搅拌边加热，如图 3.28 所示；直至反应液变成黄棕色黏稠状，如图 3.29 所示。

　　图 3.27　加入植物油　　　　图 3.28　边搅拌边加热　　　图 3.29　反应液变成黄棕色

（3）将一头蘸取有反应混合液的玻璃棒放入装有热水的小烧杯中，如图 3.30 所示；若观察到有油滴浮在水面上，说明反应混合液中油脂还没有完全水解，需要继续加热并搅拌使之反应完全，直至水面没有油镜出现，如图 3.31 所示，停止加热。

（4）往完全水解的混合液中加入适量的食盐，如图 3.32 所示，搅拌均匀；将烧杯移入盛有冷水的容器中冷却，如图 3.33 所示；冷却后，看到烧杯中有明显分层，如图 3.34 所示；用勺子小心刮出上层膏体到滤纸上，用滤纸吸干水分之后成为皂基，如图 3.35 所示。

图 3.30　反应液滴入烧杯

图 3.31　检验完全水解

图 3.32　将食盐倒入混合液中

图 3.33　冷却

图 3.34　分层

图 3.35　刮出膏体，滤纸吸干水分

（5）全部皂基黏在一起后挤压成形，放在阳台上自然晾干，掰下成团的肥皂放进小盒子中就可以使用了，如图 3.36 所示；与日常使用的肥皂比较去油污的效果。

想一想

1．加热过程中，有时会闻到一股难闻的味道，想想是什么原因造成的？

2．有时候加热很久液面上层都没有出现膏状的物质，是什么原因呢？

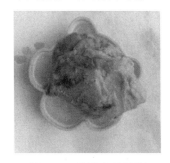
图 3.36　放进盒的肥皂

温馨提示

1．活动过程需用到酒精灯加热，点火时一定要小心，切勿玩火。

2．活动过程使用到的氢氧化钠是具有腐蚀性的强碱溶液，操作过程须佩戴手套。

3．探究活动必须在老师或具有相关专业知识的人员指导下完成操作。

成果展示

制作好的肥皂如图 3.36 所示，用它洗手很容易把手上的污垢洗掉，证明肥皂制作成功了。您可以让身边的亲戚、朋友、家人以及同事来试用，分享您的成果，也可以拍成 DV 发到朋友圈，让更多的人分享这一成果。

思维拓展

生活中，我们能接触到的皂类品种很多，如各种香味的香皂。我们还可以从哪些角度对它进行改造和创新呢？其实，您还可以从形状、包装、装置、功能、品种、颜色等方面扩展创新思维形成您的创意，如图 3.37 所示为香皂制作创新思维示意图。

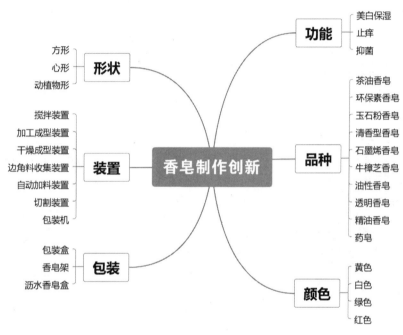

图 3.37　香皂制作创新思维示意图

想创就创

汕头市大千高新科技研究中心有限公司的杨利超、张磊、夏燕敏、王贤杰、陈敏等人发明了一种香皂的制造方法，其国家专利申请号：ZL200810220380.4。

该种香皂的制造方法包括下述步骤：① 按比例配备皂基、粉状高分子物质、润滑助剂、水、防腐剂、增白剂、香精等原料；② 将水和防腐剂、增白剂混合均匀，得到水溶液；③ 将皂基和水溶液加入搅拌锅，混合均匀；④ 将粉状高分子物质加入搅拌锅，混合均匀；⑤ 将润滑助剂和香精混合均匀，然后加入搅拌锅混合均匀，得到混合物料；⑥ 对混合物料进行碾磨、挤压；⑦ 将步骤⑥得到的混合物料通过单螺杆挤出机挤出条状物；⑧ 对条状物进行打印、切块。本发明采用粉状高分子物质代替部分皂基制造香皂，既降低香皂的脱脂力度和刺激性，又能保持香皂的发泡力度、去污力等功能，并降低香皂的制造成本，且对环境非常友好。

请您下载该专利技术方案并认真阅读，了解其独创性和创新性，想想自己有什么启发。模仿以上专利技术创新方法，自己在家制作一种薰衣草香皂。

第五节　自制水果电池

知识链接

日常生活中，我们见过也用过各式各样的电池。那么何为电池呢？最先的电池（Battery）即原电池，是指盛有电解质溶液和金属电极以产生电流的杯、槽或其他容器或复合容器的部分空间，能将化学能转化成电能的装置，具有正极、负极之分。随着科技的进步，电池泛指能产生电能的小型装置。利用电池作为能量来源，可以得到具有稳定电压、稳定电流、长时间稳定供电、受外界影响很小的电流，并且电池结构简单，携带方便，充放电操作简便易行，不受外界气候和温度的影响，性能稳定可靠，在现代社会生活中的各个方面发挥很大作用。

水果电池，顾名思义，就是用水果制作成的电池，但是也不是任何一种水果都可以制作电池，一定要是含有果酸的水果，如柠檬、酸橙、苹果、梨、菠萝等。这是由于水果中的果酸可作为电解质来构成导通回路，也可以说是根据水果电池制作原理间接形成了对水果原料的这一要求。

一般情况下，原电池负极区失去电子，发生氧化反应，电子通过外电路（导线）经过用电器到正极，电解质溶液中阳离子向正极移动，得到正极上的电子，发生还原反应，同时阴离子向负极移动，中和负极区失去的电子，从而构成了闭合回路，这就是原电池工作原理。水果电池是由水果（酸性）、两金属片和导线简易制作而成。两金属片活动性强弱相差越大效果越好，一般采用铜片和镁片，由于镁片的活动性较强，易失去电子，因此作为负极，相对而言，铜片的活动性较弱，不易失去电子，因此作为正极。铜片和镁片通过电解质（即水果中富含的果酸）和导线构成闭合回路，铜片置换出果酸中的氢离子产生正电荷，镁片失去电子产生负电荷，因此闭合回路中产生电流。若在该电路中再连接一个带音乐卡的二极管电路板，灯会在音乐响起时亮起来。

项目任务

自制一种水果电池点亮 LED 灯（二极管或带音乐卡）。

图 3.38　切出两片柠檬

探究活动

所需器材：柠檬一个、铜片、镁片、带夹嘴的导线若干、小刀、二极管（带音乐卡）电路板。

探究步骤

（1）用小刀将一个柠檬切片，切两片即可，如图 3.38 所示。

（2）将镁片表面的氧化层用磨砂纸打磨掉，显出光亮的镁片，如图 3.39 所示。

（3）在柠檬片上撒一些食盐后，取两个鱼尾夹，一个夹住铜片，一个夹住镁片，插入柠檬片中，注意两极靠近但不接触，并插在同一柠檬肉瓣内，如图 3.40 所示。另一片柠檬也是这样处理。

（4）将一片柠檬的一个正极和另一片柠檬的负极相连，如图 3.41 所示。

（5）将一头连接铜片的导线另一端鱼尾夹夹紧音乐卡二极管一体化的正极，一头连接镁片的导线另一端鱼尾夹接触音乐卡二极管一体化的负极，发现二极管亮起来了，如图 3.42 所示。

图 3.39　打磨好的镁片　　图 3.40　正负极插入柠檬　　图 3.41　串联柠檬片　　图 3.42　二极管亮起来了

想一想

1．为什么要使用铜片与锌片？
2．水果电池制作的关键是什么？

温馨提示

实验用到刀具，小心别切到手指，切勿与同伴玩刀。

成果展示

如图 3.42 所示，二极管被点亮并能听到歌声之后，证明您的水果电池制作成功了。此时，您可以让身边的亲戚、朋友、家人以及同事来试用，分享您的成果，也可以拍成 DV 发到朋友圈或微博上，让更多的人分享这一成果。

思维拓展

水果能发电成为电池，还能驱动音乐卡响起来，从本项目探究过程中解开水果电池的神秘面纱。除此之外，还可以从哪些方面对水果电池进行创新？其实，您还可以从包装、品种、电解液、容量、装置、应用等方面扩展创新思维形成您的创意，如图 3.43 所示为水果电池制作创新思维示意图。

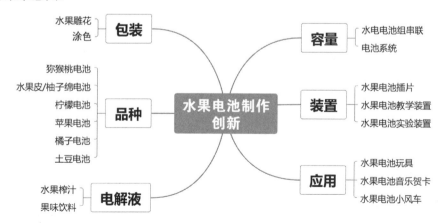

图 3.43　水果电池制作创新思维示意图

想创就创

陈磊、赵玉蕃等人发明了一种盐桥持久型猕猴桃电池，其国家专利申请号：ZL201720642679.3。

提供一种盐桥持久型猕猴桃电池，包括水果基体、铜插片、锌插片、导线和外接电路负载。所述水果基体成熟的猕猴桃果实，且水果基体稳固放置于具有催熟剂的固定托座上，所述水果基体内插入设有用导线连接的铜插片和锌插片，且导线所在的外电路接入小毫安消耗的电子表作为外接电路负载，距离水果基体的铜插片以及锌插片一定距离还设有鲁金毛细管盐桥。本实用新型随着时间的推移，电流效应始终显著，随着果实的变软，能够及时补充所消耗的氢离子，且猕猴桃水果电池的使用寿命也明显长于其他类水果电池的使用。

请您下载该专利技术方案并认真阅读，了解其独创性和创新性，想想自己有什么启发。模仿以上专利技术创新方法，自己在家制作一种新型果蔬电池。

第六节　自制燃料电池

知识链接

燃料电池是一种化学电池，它利用物质发生化学反应时释放出的能量，直接将其转换为电能。从这一点看，它和其他化学电池如锌锰干电池、铅蓄电池等是类似的。但是，它工作时需要连续地向其供给反应物质——燃料和氧化剂，这又和其他普通化学电池不大一样。由于它是把燃料通过化学反应释出的能量变为电能输出，所以被称为燃料电池。

燃料电池是很有发展前途的新的动力电源，一般以氢气、碳、甲醇、硼氢化物、煤气或天然气为燃料作为负极，用空气中的氧作为正极。和一般电池的主要区别在于：一般电池的活性物质是预先放在电池内部的，因而电池容量取决于储存的活性物质的量；而燃料电池的活性物质（燃料和氧化剂）是在反应的同时源源不断地输入的，因此，这类电池实际上只是一个能量转换装置。这类电池具有转换效率高、容量大、比能量高、功率范围广、不用充电等优点，但由于成本高，系统比较复杂，仅限于一些特殊用途，如飞船、潜艇、军事、电视中转站、灯塔和浮标等方面。

氢能源作为一种高效清洁的能源，被认为是人类能源问题的终极解决方案，而随着技术的进步，氢能源也在越来越多的领域中得到了应用。氢能源的应用有两种方式：一是直接氢内燃机，二是采用燃料电池技术。燃料电池技术相比于氢内燃机效率更高，故更具发展潜力，氢能源应用以燃料电池为基础。

氢燃料电池的应用领域广泛，早在 20 世纪 60 年代就因其体积小、容量大的特点而成功应用于航天领域。进入 20 世纪 70 年代后，随着技术的不断进步，氢燃料电池也逐步被运用于发电和汽车。现如今，伴随各类电子智能设备的崛起以及新能源汽车的风靡，氢燃料电池主要应用于三大领域：固定领域、运输领域、便携式领域。氢燃料电池优势明显，但是所面临的问题和挑战是阻碍其发展的瓶颈：关键技术难攻克、成本过高、安全问题。

制作氢氧燃料电池主要包含两个步骤：电解制备气体和断电连接用电器驱动用电器。首先，用电解法制得氢气与氧气：采用自制微型装置，加入少量硫酸钠（家里可以用醋酸、苏打溶液）溶液充当电解质，用碳棒插入溶液中，并用导线将两个碳棒与电源的正负极相连，接通直流电源。其次，断电直流电源获得燃料电池：电解一段时间，断开直流电源，让碳棒与小功率电器元件导线相连，用新制作的电池电源驱动小功率电器运转。

氢气与氧气在两极与导线、溶液构成闭合回路，氢气作为原电池负极失去电子经过导线到达正极，氧气在正极得到电子，溶液中离子迁移，从而将化学能转换为电能。随着时间的进行，电池中的氢气和氧气不断被消耗，电压逐渐降低。氢气和氧气的生成和消耗都属于通过得失电子进行的氧化还原反应。总之，氢氧燃料电池以氢气作为燃料还原剂，氧气作氧化剂，通过燃料的燃烧反应，将化学能转变为电能的电池，与原电池的工作原理相同。

项目任务

1. 制备氢氧燃料电池给二极管供电。
2. 给挂钟供电。

探究活动

所需器材： 湿纸巾或纸巾或面膜，泡沫板，较粗的金属筷子 1 根，铅笔芯，9V 电池，金属导线或各种废弃电源电线，夹子，pH 试纸，饱和食用碱溶液，食醋，硫酸钠溶液，发光二极管或小闹钟，音乐卡，透明胶，剪刀，透明胶，橡皮泥。

探究步骤

活动一：泡沫板氢氧燃料点亮二极管

（1）取一小块厚度约 6cm、宽度和长度约 3cm 的泡沫塑料板，如图 3.44 所示；用比较粗的金属筷子放在火上烤热后迅速戳泡沫板，戳两个深度约 3cm 左右、总宽度约 2cm 的并排的上通下不通的小孔，如图 3.45 所示。

（2）将两根铅笔芯垂直插入泡沫板的凹洞内，注意不要将泡沫板戳穿，两根铅笔芯不能互相接触，如图 3.46 所示。

图 3.44 泡沫塑料

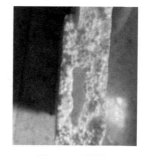
图 3.45 戳洞

图 3.46 插入铅笔芯

（3）用滴管加入硫酸钠溶液或饱和食用碱溶液（或醋酸），至凹洞快满，如图 3.47 所示。

（4）将 9V 电池的正负电极与铅笔芯接触，就能观察到两电极上产生了大量的无色气泡，根据气泡的数量可判断生成的气体。电解时间约 15 秒，如图 3.48 所示。

（5）将电池撤掉，换发光二极管的长脚与原来连接电池正极的铅笔芯相接触，短脚与原来连接电池负极的铅笔芯相接触，即可观察到发光二极管亮了，如图 3.49 所示。

图 3.47 加入溶液

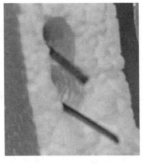

图 3.48 电解

图 3.49 连接 LED 灯

活动二：纸氢氧燃料电池驱动音乐卡发声

（1）按图 3.50 所示组装，按照铅笔芯长度直线平放在无纺布（或湿纸巾晾干）两侧，铅笔芯不能接触，尽量减小两铅笔芯距离，分别放入少量活性炭。

（2）包裹 2～3 圈后在外圈分别放两条 pH 试纸，用两个夹子分别夹紧固定包扎，剪去多余的无纺布以方便连接导线，如图 3.51 所示。

（3）用滴管往夹好的电池上滴入少量硫酸钠溶液，使 pH 试纸和滤纸完全湿润，如图 3.52 所示。

图 3.50 铺放

图 3.51 包裹夹紧

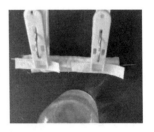

图 3.52 湿润

（4）取两根导线分别连接两端铅笔芯，如图 3.53 所示。

（5）接通 9V 电池约 15 秒，观察 pH 试纸颜色变化，如图 3.54 所示。

（6）将接电源的导线断开，连接音乐卡，音乐卡发出动听的音乐，如图 3.55 所示。

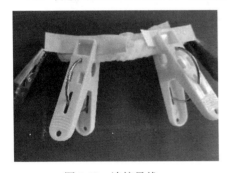

图 3.53 连接导线

图 3.54 电解

图 3.55 断电连接音乐卡

想一想

1. 发光二极管如何判断正负极？

2. 如何延长放电时间？如何让电解产生的气体长时间保存不泄漏？

3. 电解槽覆盖橡皮泥或透明胶，看效果是否改进。如何进一步提升气密性，延长电池续航时间？

温馨提示

1. 金属筷子放在火上烤后容易烫伤手，要注意先用厚毛巾保护手，再拿取金属筷子进行操作。

2. 必须在通风环境下进行实验，严格控制电解的时间，以免引起不适，中毒。

3. 严禁儿童单独实验操作；必须在专业人员指导下完成实验操作。

成果展示

当新制作的微型氢氧燃料电池能够让音乐卡发声，如图 3.56 所示，说明氢氧燃料电池制作成功了。此时，您可以让身边的亲戚、朋友来试用，分享您的成果，也可以拍成 DV 发到朋友圈，让更多的人分享这一成果。

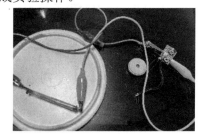

图 3.56　驱动音乐卡

思维拓展

刚才制作泡沫板氢氧燃料电池点亮了二极管，纸氢氧燃料电池成功驱动音乐卡发声，体验燃料电池的制作及其应用过程。除此之外，还可以从哪些方面对氢氧燃料电池进行创新？其实，您还可以从材质、品种、拓展、容量、装置、应用等方面扩展创新思维形成您的创意，如图 3.57 所示为氢氧燃料电池制作创新思维示意图。

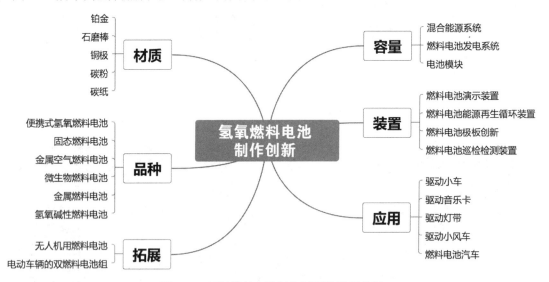

图 3.57　氢氧燃料电池制作创新思维示意图

想创就创

江苏兴邦能源科技有限公司的周忠发发明了氢氧燃料电池，其国家专利电请号：ZL201720083940.0。

本实用新型公开了一种氢氧燃料电池，包括氢气供给装置、氢气扩散器、第一气体扩散电极、第一催化剂层、离子交换膜、第二催化剂层、第二气体扩散电极以及氧气扩散器。氢气扩散器包括敞开的接触端，它具有一个与氢气供给装置连通的供气口和多个氢气回收口；离子交换膜的一侧与第一催化剂层贴合；第二催化剂层的一侧与离子交换膜的另一侧贴合；第二气体扩散电极的一侧与第二催化剂层的另一侧贴合；氧气扩散器与第二气体扩散电极贴合。根据本实用新型的氢氧燃料电池，氢气在氢气扩散器内循环的速度加快，提高了氢氧燃料电池的工作效率，在氢氧燃料电池使用过程中更加安全可靠。

请您下载该专利技术方案并认真阅读，了解其独创性和创新性，想想自己有什么启发。模仿以上专利技术创新方法，自己在家制作一种氢氧燃料。

第七节　自制铝空气电池

知识链接

铝空气电池的化学反应与锌空气电池类似，铝空气电池以高纯度铝 Al（含铝 99.99%）为负极、氧为正极，以氢氧化钾（KOH）或氢氧化钠（NaOH）水溶液为电解质。铝摄取空气中的氧，在电池放电时产生化学反应，铝和氧作用转化为氧化铝。目前空气电池有锌空气电池、锂空气电池、铝空气电池，但是技术都还不够成熟。其中锌空气干电池主要有四种类型：中性锌空气电池、纽扣式锌空气电池、低功率大荷电量的锌空气湿电池、高功率锌空气电池。

铝空气电池的制作通常以铝箔、铝易拉罐作为负极，氢氧化钠与氯化钠水溶液为电解质。铝失去电子，发生氧化反应的为负极，在碱性溶液中负极为：$Al+4OH^--3e^-=AlO_2^-+2H_2O$；碳棒极空气中氧气得到电子，发生还原反应的为正极，正极为：$O_2+H_2O+4e^-=4OH^-$。溶液中离子定向移动。总反应式为：

$$4Al+4NaOH+3O_2=4NaAlO_2+2H_2O$$

$$2Al+2NaOH+3H_2O \rightarrow 2NaAlO_2+3H_2$$

空气电池是化学电池的一种，构造原理与干电池相似，所不同的只是它的氧化剂取自空气中的氧。例如有一种空气电池，以锌为负极，以氢氧化钠为电解液，而正极是多孔的活性炭，因此能吸附空气中的氧气以代替一般干电池中的氧化剂（二氧化锰）。铝与空气作为电池材料的一种新型电池，它是一种无污染、长效、稳定可靠的电源，是一款对环境十分友好的电池。电池的结构以及使用的原材料可根据不同实用环境和要求而变动，具有很大的适应性，既能用于陆地也能用于深海，既可作动力电池又能作耐用的信号电池，因此在水下电源、电动汽车、供电站和通信基站等领域有很好的前景。铝空气电池在车载移动充电桩和充电宝领域有新的应用趋势，浆液回收制备增值产品形成循环产业链是未来的新模式。

铝空气电池以高纯度铝（Al）为负极、氧气为正极，具有比能量大、质量轻、没有毒性和危险性等优点。铝空气电池的进展十分迅速，它在 EV 上的应用已取得良好效果，是一种很有发展前途的空气电池。

项目任务

1．制作一种铝空气电池驱动电子时钟。

2. 制作一种铝空气电池音乐贺卡。

探究活动

所需器材：打磨过的铝箔铝易拉罐（或蛋挞、面包铝箔、奶粉罐易拉铝箔、烧烤用铝箔）1 个，石墨棒（或铅笔芯）若干根，无纺布（晾干的湿纸巾、纸巾、薄的棉布）1 条，剪刀，万用表，橡皮筋或包装袋，一次性手套，氯化钠和氢氧化钠混合液，发光二极管（或 LED 灯带）1 条，音乐卡（或玩具中的发声卡）。

探究步骤

（1）取铝易拉罐，用钢丝球将表面的漆和氧化膜擦除，如图 3.58 所示。

（2）剪好铝箔，长度与石墨棒相当，宽度约 3cm，如图 3.59 所示。

（3）剪好无纺布，如图 3.60 所示；长度比铝箔稍长，宽度约 3cm，如图 3.61 所示。

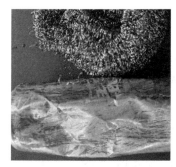

图 3.58　擦除漆、氧化膜　　　　图 3.59　剪铝箔　　　　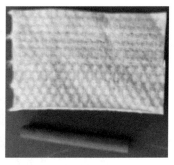　图 3.60　剪无纺布

（4）无纺布盖在铝箔上面，石墨棒一头连接导线，另一头压在无纺布上面，如图 3.62 所示。

（5）用滴管吸取少量氯化钠和氢氧化钠混合液滴进无纺布，达到润湿无纺布效果为止，如图 3.63 所示。

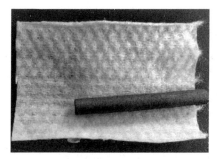
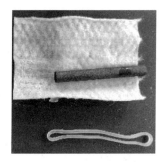

图 3.61　相对大小　　　　　图 3.62　叠放　　　　　图 3.63　润湿

（6）双手捏取铝箔与无纺布并裹紧石墨棒，卷实后用橡皮筋扎紧，如图 3.64 所示。若较薄的蛋挞铝箔能够自行固定形状则不用橡皮筋包扎。

（7）用两根导线的鳄鱼夹夹住铝极，石墨极备用，如图 3.65 所示。

（8）用万用表测量电压，电压测量值约 1～4.6V，如图 3.66 所示，说明你的铝空气电池已经制作完成。

图 3.64　卷实包扎

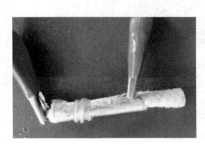
图 3.65　连导线

图 3.66　测电池电压

（9）重复步骤（1）～步骤（8）制作 5 个铝空气电池电，然后串联 4～5 个刚制作好的铝空气电池点亮 LED 灯和驱动音乐贺卡等小型电器，如图 3.67 所示铝空气电池驱动电子时钟，如图 3.68 所示铝空气电池驱动音乐卡，如图 3.69 所示铝空气电池驱动 LED 台灯。

图 3.67　驱动时钟

图 3.68　驱动音乐贺卡

图 3.69　驱动 LED 台灯

想一想

1．如果没有无纺布把铝极、石墨极隔开，会怎么样？
2．如何设计开关控制的小夜灯？

温馨提示

1．使用铝易拉罐要注意安全，防止割伤。
2．操作过程要戴手套，防止化学药液沾到皮肤。

成果展示

您的铝空气电池制作成功之后，分别连接 LED 灯带正负极点亮 LED 灯，如图 3.70 所示；此时，可以想想如何增大铝空气电池的额定功率驱动更大功率的小电器，如图 3.71 所示的驱动盐水小车。说明您的铝空气电池制作非常成功。

让身边的亲戚、朋友来分享您的成果，体验制作的满足感，并拍成 DV 发到朋友圈让更多的人分享这一成果，分享劳动的快乐。

图 3.70　点亮 LED 珠串

图 3.71　驱动盐水小车

思维拓展

铝空气电池还可以从哪些方面进行创新？石墨棒可以用活性炭与石墨粉代替，也可以用碳纸代替，还可以用牛皮纸代替覆膜材料。除此之外，还可以从哪些方面进行创新？其实，您还可以从应用、装置、容量、融合、品种、工艺等方面扩展创新思维形成您的创意，如图 3.72 所示为铝空气电池制作创新思维示意图。

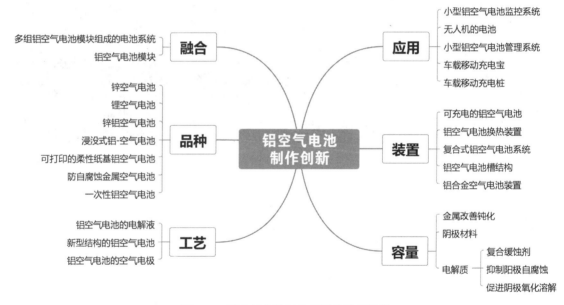

图 3.72　铝空气电池制作创新思维示意图

想创就创

深圳市航盛新材料技术有限公司的张启辉发明了铝空气电池电解液、铝空气电池及其制作方法，其国家专利申请号：ZL201710370405.8。

本发明揭示了一种铝空气电池电解液、铝空气电池及其制作方法，该电解液包括氢氧化钾、无机溶剂、氢氧化锂、缓蚀剂、稳定剂、增稠剂，其中，氢氧化钾的质量为所述电解液总质量的 1%～10%，氢氧化锂的质量为所述电解液总质量的 0.1%～5%。本发明的铝空气电池电解液、铝空气电池及其制作方法，其电解液通过使用氢氧化锂与氢氧化钾的混合溶液降低了电解液的碱性和金属铝电极的自腐蚀速率，还保证了电导率的稳定，通过锡酸盐和葡萄糖的混合液作为缓蚀剂，减少了无机缓蚀剂的使用，从而降低生产成本。

请您下载该专利技术方案并认真阅读，找出它的创意和创新点，想想自己有什么启发。模仿以上专利技术创新方法，自己在家制作一种铝空气电池并能驱动小型玩具小汽车。

第八节　正确使用消毒剂

知识链接

消毒剂用于杀灭传播媒介上的病原微生物，使其达到无害化要求，将病原微生物消灭于人体之外，切断传染病的传播途径，达到控制传染病的目的。消毒剂按照其作用的水平可分为灭菌剂、高效消毒剂、中效消毒剂、低效消毒剂。灭菌剂可杀灭一切微生物使其达到灭菌要求，包括甲醛、戊二醛、环氧乙烷、过氧乙酸、过氧化氢、二氧化氯、氯气、硫酸铜、生石灰、乙醇等。

84消毒液是次氯酸钠（NaClO）和表面活性剂的混配消毒剂，主要用于环境和物体表面消毒的消毒剂，含有强力去污成分，可杀灭大肠杆菌，适用于家庭、宾馆、医院、饭店及其他公共场所的物体表面消毒。

洁厕灵能有效、快捷消灭卫生间臭味、异味，清洁空气，对细菌繁殖体、芽孢、病毒、结核杆菌和真菌有良好的杀灭作用，对陶瓷类日用品，如便器、瓷砖、水池表面具有良好的去污除垢作用，尤其是对尿垢、尿碱尤为有效。

不同的消毒液成分不同，部分消毒液混用使用，相互之间会发生化学反应，产生有毒气体物质。例如，含HCl的洁厕灵和84消毒液一起混合使用，产生有毒气体氯气，化学方程式为：$2HCl+NaClO=NaCl+Cl_2\uparrow+H_2O$。一旦发现周围充满氯气，立刻取苏打粉或氢氧化钠完全溶于水，将溶液装进喷雾器中，对周围空气喷雾除氯，原理是氯气能被碱性溶液吸收发生化学反应降低毒性。

项目任务

1．了解"84消毒液"和洁厕灵等消毒剂混合发生反应的原理。

2．预防因消毒剂使用不当发生氯气中毒事件。

探究活动

所需器材：84消毒液、盐酸型的洁厕灵、氢氧化钠溶液、塑料瓶、胶头滴管、剪刀、烧杯、棉花、夹子（可用筷子代替），如图3.73所示。

探究步骤

（1）先在塑料瓶上开个小口，如图3.74所示，以胶头滴管下端能插入为宜。

（2）在量杯中倒出84消毒液约20mL，如图3.75所示；然后再将量杯中的84消毒液倒入塑料瓶中，盖好瓶盖，如图3.76所示。

（3）用胶头滴管吸取洁厕灵，从瓶身上的小口处插入瓶内，挤出洁厕灵，如图3.77所示；

反复几次滴加洁厕灵，观察溶液变化和瓶内上空颜色变化。

图 3.73 原料

图 3.74 开孔

图 3.75 倒出 84 消毒液

（4）当空气中出现淡淡的刺激性气味（氯气）时，立刻用蘸有氢氧化钠溶液的湿棉花封住出气小口，如图 3.78 所示。

图 3.76 装上 84 消毒液

图 3.77 加洁厕灵

图 3.78 堵住洞口

（5）震荡瓶身，静置片刻。观察瓶内变化，溶液由无色变成浅绿色，瓶内上空能看到淡淡的浅绿色，如图 3.79 所示。此时，千万别打开瓶盖或取下棉花团，如果空气中刺激性味道持续，就应该往棉花上滴加浓氢氧化钠溶液。

图 3.79 浅绿色液体

想一想

1．该探究活动应该在具备什么条件的环境中进行？

2．我们要消除塑料瓶中的有毒物质，接下来可以怎样操作？

3．通过这次探究活动，我们对生活中的化学有何深刻的认知？

温馨提示

1. 操作过程必须佩戴手套。
2. 实验过程必须在专业人员指导下完成操作。

成果展示

通过本次探索活动，84 消毒液与洁厕灵相碰会产生化学反应，产生有毒气体氯气，如图 3.79 所示。它告诉我们 84 消毒液与洁厕灵在给家具消毒时不能同时使用，否则会有危险；84 消毒水是次氯酸钠（NaClO）消毒液，在新型冠状病毒流行期间，主要用于对环境和物体表面进行消毒，单独使用不会产生有毒气体。也请您告诉您身边的亲戚、朋友，84 消毒液和洁厕灵不能同时使用，必须单独使用。您也可以拍成 DV 发到朋友圈，让更多的人分享这一成果。

思维拓展

84 消毒液和洁厕灵都是消毒剂。除 84 消毒液和洁厕灵外，关于消毒剂的创新还有哪些？其实，您还可以从应用、装置、工艺、品种、包装等方面扩展创新思维形成您的创意，如图 3.80 所示为消毒剂制作创新思维示意图。

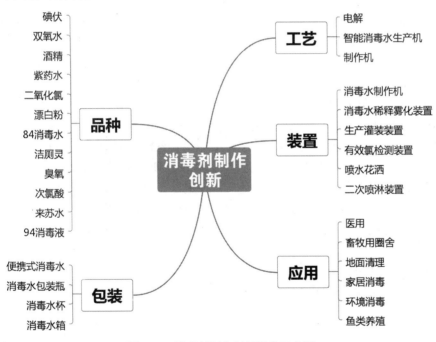

图 3.80 消毒剂制作创新思维示意图

想创就创

北京赛生药业有限公司的马骉、栾美丽、孔双泉、喻赞伟、温东焱等人共同发明了一种止血消毒剂的制备方法，其国家专利申请号：ZL200910087427.9。

本发明提供了一种止血消毒剂，在止血消毒剂的溶液中，包含浓度为 0.1~50u/mL 的止血生物酶、具有能够达到杀菌消毒效果的浓度的消毒剂以及浓度为 1~100mg/mL 的蛋白保护剂。该止血消毒剂更适用于外科手术中皮肤、黏膜或组织的创面清洗消毒以及外伤伤口的止血和消毒。本发明还提供了该止血消毒剂的制备方法，所述制备方法包括下述步骤：配制止血消毒剂的溶液，其中，包含 0.1～50u/mL 的止血生物酶、具有能够达到杀菌消毒效果的浓度的消毒剂以及浓度为 1～100mg/mL 的蛋白保护剂。

请您下载专利技术方案并仔细阅读，了解其独创性和创新性，想想自己有什么启发。模仿上述专利技术创新方法，自己在家制作一种应用型消毒剂。

第九节　自制香薰蜡烛

知识链接

蜡烛是一种日常备用的照明工具，主要是由石蜡（$C_{25}H_{52}$）制成的。石蜡是从石油的分馏产物经处理制得的，是几种含碳原子数比较多（一般 20 以上）的高级烷烃的混合物，呈固态，烷烃都可以燃烧。石蜡含碳元素的质量分数比较高，约为 85%，燃烧过程中容易产生黑烟，添加的辅料有白油、硬脂酸、香精等，其中的硬脂酸（$C_{17}H_{35}COOH$）主要用以提高蜡烛的软硬度。

石油是气态、液态、固态饱和烃类的混合物，烃是只含有碳、氢两种元素的化合物，烃都可以燃烧。石油经常压分馏（多次蒸馏）得到液化石油气（含 4 个碳以下的烃）、汽油（5～11 个碳左右的烃，液态）、煤油（11～16 个碳左右的烃，液态）、柴油（含 15～18 个碳左右的烃，液态）和重油（一般 20 个碳以上，呈固态），石蜡属于重油的范畴。

蜡烛的燃烧并不是石蜡固体的直接燃烧，而是灯芯被点燃，放出的热量使灯芯附近的石蜡固体熔化，再汽化，生成石蜡蒸汽，蒸汽再燃烧。蜡烛燃烧时，实际上是石蜡蒸汽的燃烧，燃烧的产物是二氧化碳和水，化学方程式为：$C_{25}H_{52}+38O_2 \rightarrow 25CO_2+26H_2O$。

随着社会能源的发展，电力的普遍使用，蜡烛的照明功能已经被削弱了，蜡烛的使用更多的是一种生活情调，赋予了更多的情感色彩，如生日宴会、宗教节日等特殊场合使用。市面上蜡烛品种有很多，添加各有不同，满足不同人的需求，视个人喜好和不同场合使用而定。

项目任务

1．了解蜡烛的基本成分及用途。
2．掌握香薰蜡烛制备的基本方法。

探究活动

所需器材：大豆蜡 200g，烧杯 1000mL，木棒 2 个，蜡芯 3 个，搅拌棒 1 个，色素，香精油（洋甘菊）5mL。

探究步骤

（1）准备好小型电热炉和 1000mL 烧杯，如图 3.81 所示。

（2）在烧杯内装入 200g 大豆蜡粉，如图 3.82 所示。

（3）往蜡粉上加入香精油（或洋甘菊）5mL 和色素，然后加热电炉，搅拌至融化，如图 3.83 所示。

图 3.81　准备仪器

图 3.82　添加蜡粉

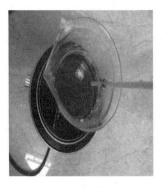

图 3.83　加热融化

（4）把融化的液体倒入准备好的玻璃罐容器中，如图 3.84 所示。

（5）在玻璃容器内放入蜡芯，蜡芯用两根木条固定，然后再添加融化的溶液直到蜡芯固定为止，但不能没过蜡芯，如图 3.85 所示。

（6）最后冷却、凝固成型待用。当点燃蜡芯时，说明香薰蜡烛已经制作成功，如图 3.86 所示。

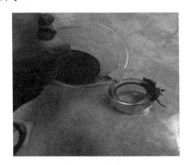

图 3.84　倾倒溶液

图 3.85　固定灯芯

图 3.86　冷却燃烧

想一想

1．日常生活中，哪些东西是固态的烷烃？

2．什么材料可以做蜡烛芯？

温馨提示

大豆蜡易燃，实验过程中注意明火。

成果展示

图 3.87　做好的香薰蜡烛

如图 3.87 所示，证实香薰蜡烛制作成功了。您可以让身边的亲戚、朋友来试用，分享您的成果，也可以拍成 DV 发到朋友圈，让更多的人分享这一成果。

思维拓展

在没有电或电力不足的年代，蜡烛是家庭照明的必备用品。蜡烛品种多样，如透明蜡烛、彩色蜡烛、酥油蜡烛、无烟蜡烛、香薰蜡烛等。从香薰蜡烛制作过程中，我们学会了蜡烛制作工艺，除香薰蜡烛外，还可以从哪些方面进行创新？其实，您还可以从配件、品种、形状、蜡烛芯、装置、拓展等方面扩展创新思维形成您的创意，如图 3.88 所示为蜡烛制作创新思维示意图。

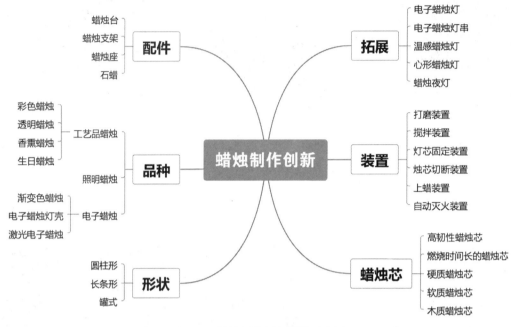

图 3.88　蜡烛制作创新思维示意图

想创就创

杭州十善文化创意有限公司的周细阳发明了一种电子蜡烛，其国家专利申请号：zl201922078909.X。

本实用新型公开了一种电子蜡烛，包括底座、电子蜡烛、主板 PCB、充电板 PCB，底座上设有电子蜡烛放置槽，电子蜡烛放置槽内放置有电子蜡烛，电子蜡烛和电子蜡烛放置槽相匹配；底座内设有一个安装腔，安装腔内设有充电板 PCB，电子蜡烛内设有主板 PCB，电子蜡烛和底座内均设有一个磁铁安装槽，磁铁安装槽内均设置有磁铁，磁铁相吸附。本实用新型产品外观更加美观，电子蜡烛燃烧面使用独特的莲花形状；产品成本更加低廉；产品接触式充电，不需要无线充电技术，使充电效果更佳，同时使用寿命更长；通过磁铁吸附式接触充电，使电子蜡烛摆放更加稳定，充电更加高效。

请您下载该专利技术方案并认真阅读，了解其独创性和创新性，想想自己有什么启发。模仿以上专利技术创新方法，自己在家制作一种蜡烛。

第十节　自制固体酒精

知识链接

固体酒精又称固化酒精，因其有使用、携带和运输方便，燃烧时放热多，无烟、无味且不产生污染气体等优点，被广泛应用于餐饮业、旅游业和野外作业等。固体酒精中的可燃成分是乙醇，乙醇是一种有特殊香味的有机化合物，俗称酒精，结构简式为 CH_3CH_2OH（或 C_2H_5OH）。乙醇的来源非常广泛，传统的乙醇制造是通过粮食发酵，现代化学工业通过乙烯与水发生加成反应制取。前者为食用酒精，可以制作成各种酒类或者酒精饮料，后者为工业酒精，一般用于工业用途，不可食用。乙醇在常温、常压下是一种易燃、易挥发的无色透明液体（常温下沸点为 78℃），容易引发火灾等危害，制作成固体酒精可以大大提高乙醇燃料的安全性和使用时的便利性。

目前制备固体酒精的方法有多种，主要选择了不同的固化剂，这些固化剂主要有醋酸钙、硝化纤维、高级脂肪酸等。固体酒精的原料应为工业酒精，有些小作坊为了节省成本，使用甲醇为原料。不纯的甲醇燃烧产物会带入一些有毒的气体，随着温度的升高，甲醇挥发，最终混合为成分不一的有害气体，使用时会闻到刺鼻的味道。甲醇蒸汽可通过呼吸道进入体内，造成中毒，危害健康，因吸入甲醇而导致眼睛失明的事件常有新闻报道。

把液体燃料变为固体，既方便携带，又不会出现泄漏问题，非常实用。工业上，考虑提高燃料的燃烧利用率，会把固体变为气体或液体，如煤的汽化或液化。煤的汽化是指碳在高温下与水蒸气反应生成一氧化碳和氢气[$C+H_2O(g)=CO+H_2$]，一氧化碳和氢气的混合气称为水煤气；煤的液化分直接液化和间接液化。间接液化是指在汽化的基础上，用一氧化碳和氢气来合成甲醇、乙醇等可燃液体，煤的汽化或液化是为了提高煤的燃烧利用率。

硬脂酸固体和 NaOH 固体是常用的酒精固化剂，原料来源丰富，成本低，性能优良。硬脂酸固体难溶于水，易溶于酒精，温度越高溶解速度越快。本实验把工业酒精、硬脂酸固体和 NaOH 固体融合在一起，在一定温度下生成固体酒精。考虑到硬脂酸的溶解速率，应适当加热，又需防止酒精因达到沸点（78℃）而过快地挥发损耗，所以温度不能太高，综上考虑，实验控制温度在 60℃左右。硬脂酸主要用于调节固体酒精的软硬度，如果太软就很难固化成型，硬度最好适中，所以硬脂酸的量要严格控制。大部分的市售固体酒精因为硬脂酸的存在，燃烧后会残留部分液体，所以一般是放在铁器内燃烧，酒精燃烧的化学方程式为：$CH_3CH_2OH+3O_2 \rightarrow 2CO_2+3H_2O$，燃烧后的产物基本无害。

由于制取固体酒精的原料氢氧化钠中含有钠元素，所以其燃烧时火焰呈黄色，如果想改变火焰的颜色，可以适当添加硝酸铜等无机盐。

项目任务

1. 了解固体酒精制备的基本材料。
2. 掌握固体酒精制备的常用方法。

探究活动

所需器材： 硬脂酸，NaOH 固体，75%工业酒精，酒精灯，铁架台，石棉网，烧杯，玻璃棒 1 个，电子秤 1 个。

探究步骤

（1）准备好 75%工业酒精、硬脂酸固体、NaOH 固体，如图 3.89 所示。

（2）在烧杯中加入 50mL 的工业酒精，5g 硬脂酸，用酒精灯加热使其溶解，加热过程中

图 3.89　原料

用玻璃棒不断搅拌，温度控制在 60℃ 以下，如图 3.90 所示。

（3）往步骤（2）溶解后的溶液中加入 1g NaOH 固体，继续加热搅拌，使之溶解，注意温度控制在 60℃ 左右，不要加热到沸腾，如图 3.91 所示。

（4）把溶解好的溶液趁热倒入模具中，静置冷却，凝固成型，如图 3.92 所示。

图 3.90 溶硬脂酸

图 3.91 溶解 NaOH

图 3.92 倒入模具

想一想

1. 步骤（2）和步骤（3）有没有发生化学反应？
2. 在制作过程中，需要准备一条湿毛巾或湿布，为什么？

温馨提示

乙醇易燃，注意明火。

成果展示

如图 3.93 所示固体酒精被点燃，证实固体酒精制作成功了。您可以让身边的亲戚、朋友来试用，分享您的成果，也可以拍成 DV 发到朋友圈，让更多的人分享您的成果。

图 3.93 固体酒精的燃烧

思维拓展

在海洋底部发现了许多可燃冰，它是天然气（CH_4）的水合物，是天然气与水在高压低温条件下形成的类冰状结晶物质，因其外观像冰，遇火即燃，因此被称为"可燃冰"。把液体（或气体）燃料变成固体或镶嵌在固体里，是现在能源发展的一个方向，如氢氧燃料电池、固体酒精等，我们还能做出什么样的固体能源呢？其实，您还可以从外形、工艺、设备、颜色、品种、拓展等方面扩展创新思维形成您的创意，如图 3.94 所示为固体酒精制作创新思维示意图。

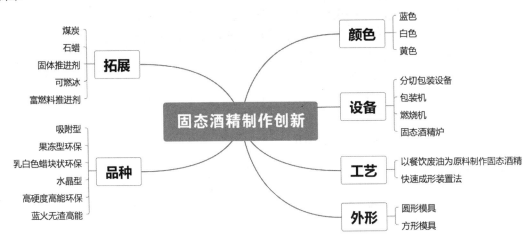

图 3.94　固体酒精制作创新思维示意图

想创就创

沈新辉发明了一种餐馆用固态酒精燃炉，其国家专利申请号：ZL202020092273.4。

本实用新型公开了一种餐馆用固态酒精燃炉，包括炉壳、抽拉式加料装置和火焰高度调节装置。所述抽拉式加料装置可滑动设于炉壳内，火焰高度调节装置设于抽拉式加料装置上。所述抽拉式加料装置包括抽屉板、抽屉面板、火焰自熄灭件、料杯、料杯放置槽、导条和抽屉板滑动卡槽。所述导条对称设于炉壳内，抽屉板可滑动设于炉壳内，抽屉板滑动卡槽对称设于抽屉板底壁两侧，抽屉面板设于抽屉板端部，料杯放置槽设于抽屉板上，料杯可升降设于料杯放置槽内，火焰自熄灭件铰接于抽屉板上。本实用新型属于酒精燃炉技术领域，具体是指一种便于添加燃料、火焰高度可调且具有防烫效果的餐馆用固态酒精燃炉。

请您下载该专利技术方案并认真阅读，了解其独创性和创新性，想想自己有什么启发。模仿以上专利技术创新方法，自己在家制作一种酒精或固态酒精燃具。

本章学习与评价

一、选择题

1. 唇膏主要含有蜡、油和色素三大成分。制备唇膏常用的有蜂蜡和巴西棕榈蜡等，蜂蜡是由蜜蜂（工蜂）腹部四对蜡腺分泌出来的蜡。下列说法正确的是（　　　）。

A．一般呈液态

B．易溶于水

C．蜂蜡能溶于苯、甲苯、氯仿等有机溶剂

D．橄榄油不含有碳碳双键

2．表面活性剂种类丰富，将在水中电离后起表面活性作用的部分带负电荷的表面活性剂称为阴离子表面活性剂。肥皂是阴离子表面活性剂，下列关于肥皂说法错误的是（　　）。

　　A．肥皂主要成分是硬脂酸钠盐（$C_{17}H_{35}COONa$）

　　B．硬脂酸钠盐电离方程式为 $C_{17}H_{35}COONa \longrightarrow C_{17}H_{35}COO^- + Na^+$

　　C．肥皂在水中电离后起表面活性作用的部分是脂肪酸根阴离子

　　D．肥皂是水溶性的高分子聚合物

3．关于 84 消毒液的说法错误的是（　　）。

　　A．有效成分是 $NaClO$

　　B．$NaClO$ 因具有强氧化性而杀灭病毒

　　C．84 消毒液可以用于皮肤的消毒

　　D．用于环境消毒

4．（2020 年全国高考 I 卷）国家卫健委公布的新型冠状病毒性肺炎诊疗方案指出，乙醚、75%乙醇、含氯消毒剂、过氧乙酸（CH_3COOOH）、氯仿等均可有效灭活病毒。对于上述化学药品，下列说法错误的是（　　）。

　　A．CH_3CH_2OH 能与水互溶

　　B．$NaClO$ 通过氧化灭活病毒

　　C．过氧乙酸相对分子质量为 76

　　D．氯仿的化学名称是四氯化碳

5．石油是气态、液态、固态饱和烃类的混合物，下列说法错误的是（　　）。

　　A．烃类是只含有碳氢元素的化合物

　　B．石蜡属于重油

　　C．汽油是 5～11 个碳左右的液态烃

　　D．石油经干馏得到液化石油气、汽油、煤油、柴油和重油

6．固体酒精含有钠元素，火焰成黄色，如果想改变固体酒精的火焰颜色，可以适当添加一些无机盐，下列说法错误的是（　　）。

　　A．硬脂酸和 $NaOH$ 可作为固体酒精的固化剂

　　B．加入 $Cu(NO_3)_2$，火焰变蓝色

　　C．加入钾盐，火焰变紫色

　　D．加入钙盐，火焰变砖红色

7．如图 3.95 所示电器设备工作时，可以实现化学能转化为电能的是（　　）。

A	B	C	D
太阳能集热器	锂离子电池	电饭煲	风力发电机

图 3.95　电器设备

A．A 　　　B．B 　　　C．C 　　　D．D

8．（2016年高考化学全国II卷）Mg－AgCl电池是一种以海水为电解质溶液的水激活电池。下列叙述错误的是（　　　）。

A．负极反应式为 $Mg-2e^-=Mg^{2+}$

B．正极反应式为 $Ag^++e^-=Ag$

C．电池放电时 Cl^- 由正极向负极迁移

D．负极会发生副反应：$Mg+2H_2O=Mg(OH)_2+H_2\uparrow$

9．水果电池的制作中，以下因素都可能会影响其供电效率，下列叙述错误的是（　　　）。

A．水果的种类

B．蔬菜也可以做电池的载体

C．两个电极的材料会影响供电效果

D．电极之间的距离越大，供电效果越好

二、填空题

1．某研究性学习小组为了探究电极与原电池的电解质之间的关系，设计了下列实验方案：用铝片、铜片、镁片作电极，分别与下列溶液构成原电池，并接电流表。

（1）若电解质溶液为 0.5mol/L 硫酸，电极为铜片和铝片，铝片上的电极的反应式为_____。

（2）若用浓硝酸作电解质溶液，电极为铜片和铝片，铝片为_____极（填"正"或"负"）。

（3）若电解质溶液为 0.5mol/L 氢氧化钠溶液，电极为镁片和铝片，则正极发生的电极反应为_____。

2．碱性铝空气电池以_____为负极、_____为正极。碱性物质消除表面的氧化膜，两极方程式分别为负极：_____，正极：_____。

3．84 消毒液有效成分是_____，洁厕灵主要成分是_____；不慎将二者混合使用，结果产生有毒气体氯气，化学方程式为：_____。

4．甘油酯（$C_{17}H_{33}COO)_3C_3H_5$ 用 KOH 皂化时，反应的化学方程式：_____。

5．生物柴油具有环保性能好、原料来源广泛、可再生等特性，是典型的"绿色能源"。其生产是用油脂与甲醇或乙醇在一定条件下发生醇解反应形成脂肪酸甲酯或乙酯，同时得到甘油。

（1）写出硬脂酸甘油酯（$C_{17}H_{35}COOHC_3H_5$）与甲醇发生醇解的化学方程式：_____。

（2）下列有关生物柴油表述正确的是_____。

A．加入水中，浮在水面上

B．与石化柴油物质类别相同，都含酯基官能团

C．原料来源广泛，可用餐饮废弃油（即地沟油）生产生物柴油

（3）利用油脂碱性条件下水解可生产肥皂。现在实验室模拟完成利用油脂制得肥皂的过程：

I．在小烧杯中加入约 5g 新鲜牛油、6mL95%的乙醇，微热使脂肪完全溶解。

Ⅱ．在Ⅰ的反应液中加入 6mL40% 的 NaOH 溶液，边搅拌边小心加热，直至反应液变成黄棕色黏稠状。

Ⅲ．在Ⅱ的反应液中加入 60mL 热的饱和食盐水，搅拌。

Ⅳ．用钥匙将固体物质取出，用纱布沥干，挤压成块。

① 步骤Ⅰ中加入 95% 乙醇的作用是＿＿＿＿＿＿＿＿＿＿＿＿＿＿＿＿＿＿＿＿＿。

② 步骤Ⅱ中，在只提供热水的情况下，如何检验反应已完全：＿＿＿＿＿＿＿＿＿＿

＿＿＿＿＿＿＿＿＿＿＿＿＿＿＿＿＿＿＿＿＿＿＿＿＿＿＿＿＿＿＿＿＿＿＿＿＿＿。

③ 步骤Ⅲ中加入热的饱和食盐水的作用是＿＿＿＿＿＿＿＿＿＿＿＿＿＿＿＿＿＿。

④ 油脂制得肥皂的同时还可获得甘油。下列对甘油性质表述正确的是＿＿＿＿＿。

A．不能使酸性高锰酸钾溶液褪色

B．与甲醇、乙醇一样可与水任意比互溶

C．沸点为 290℃，比丙醇沸点（97.2℃）高，主要是因为分子间形成了更多氢键

三、实验题

1．小伙伴在"简易电池的设计与制作"的实验中，对影响自制电池效果的因素进行了实验探究。

【提出问题】 影响自制电池效果的因素有哪些？

【查阅资源】 电极材料、电极间距、水果种类对自制水果电池的效果可能有影响。

【实验探究】

Ⅰ．按图 3.96 所示连接水果电池。

图 3.96　连接水果电池

Ⅱ．实验记录如表 3.2 所示。

表 3.2　实验数据表

序　号	电　极	电极间距/cm	水果种类	电流表示数/μA
①	Cu—Al	4.0	西红柿	78.5
②	Cu—Fe	4.0	西红柿	70.3
③	Al—Al	4.0	西红柿	0
④	Cu—Al	4.0	柠檬	45.7
⑤	Cu—Al	4.0	柠檬	98.4
⑥	石墨棒—Al	4.0	柠檬	104.5

【解释与结论】

（1）实验①②③的目的是＿＿＿＿＿＿＿＿＿＿＿＿＿＿＿＿＿＿＿＿＿＿＿＿＿＿＿。

对比实验①②③得出结论：＿＿＿＿＿＿＿＿＿＿＿＿＿＿＿＿＿＿＿＿＿＿＿＿＿。

（2）欲得出"水果种类对电池效果有影响"的结论，需要对比实验＿＿＿＿＿＿＿（填序号）。

对比④⑤得出结论：＿＿＿＿＿＿＿＿＿＿＿＿＿＿＿＿＿＿＿＿＿＿＿＿＿＿＿＿。

【反思与探讨】

（3）水果电池中，水果的作用是＿＿＿＿＿＿＿＿＿＿＿＿＿＿＿＿＿＿＿＿＿＿。

（4）对比实验①②③可知构成水果电池的电极必须具备的条件为＿＿＿＿＿＿＿，构成水果电池的其他要素还有＿＿＿＿＿＿＿、＿＿＿＿＿＿＿、＿＿＿＿＿＿＿。

（5）水果电池是利用水果中的化学物质和金属发生化学反应而产生电能的一种装置，如将实验①中的西红柿换成硫酸铜溶液进行实验，电流表示数不为零，Cu 片和 Al 片上发生的电极反应式分别为＿＿＿＿＿＿＿、＿＿＿＿＿＿＿，总离子方程式为＿＿＿＿＿＿＿。

2．（高考链接）过氧化钙微溶于水，溶于酸，可作分析试剂、医用防腐剂、消毒剂。以下是一种制备过氧化钙的实验方法，回答下列问题。

I．碳酸钙的制备，如图 3.97 所示。

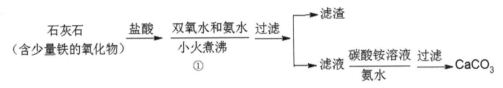

图 3.97　碳酸钙的制备

（1）步骤①加入氨水的目的是＿＿＿＿＿＿＿＿＿＿＿＿＿。小火煮沸的作用是使沉淀颗粒长大，有利于＿＿＿＿＿＿＿＿＿＿＿＿＿。

（2）图 3.98 是某学生的过滤操作示意图，其操作不规范的是＿＿＿＿＿＿＿（填序号）。

a．漏斗末端颈尖未紧靠烧杯壁

b．玻璃棒用作引流

c．将滤纸湿润，使其紧贴漏斗壁

d．滤纸边缘高出漏斗

e．用玻璃棒在漏斗中轻轻搅动以加快过滤速度

图 3.98　过滤操作示意图

II．过氧化钙的制备，如图 3.99 所示。

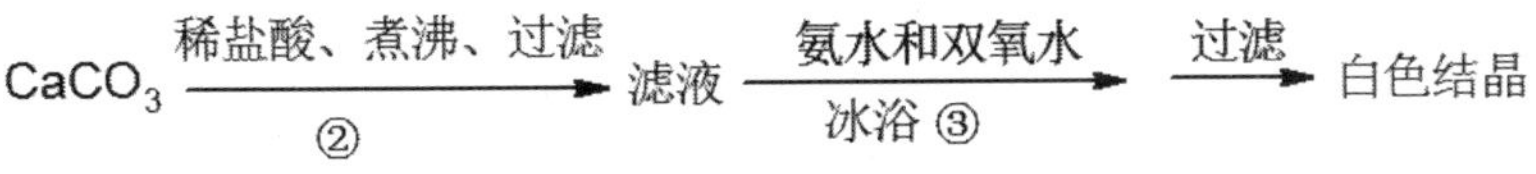

图 3.99　过氧化钙的制备

（3）步骤②的具体操作为逐滴加入稀盐酸，至溶液中尚存有少量固体，此时溶液呈＿＿＿＿

性（填"酸""碱"或"中"）。将溶液煮沸，趁热过滤。将溶液煮沸的作用是＿＿＿＿＿＿＿＿＿
＿＿。

（4）步骤③中反应的化学方程式为＿＿＿＿＿＿＿＿＿＿＿＿＿＿＿＿＿＿＿＿，该反应需
要在冰浴下进行，原因是＿＿＿＿＿＿＿＿＿＿＿＿＿＿＿＿＿＿＿＿＿＿＿＿＿＿＿＿＿＿。

（5）将过滤得到的白色结晶依次使用蒸馏水、乙醇洗涤，使用乙醇洗涤的目的是
＿＿＿。

（6）制备过氧化钙的另一种方法是：将石灰石煅烧后，直接加入双氧水反应，过滤后可
得到过氧化钙产品。

该工艺方法的优点是＿＿＿＿＿＿＿＿＿＿＿＿＿＿＿＿＿＿＿＿＿＿＿＿＿＿＿＿＿＿＿＿＿，
产品的缺点是＿＿＿＿＿＿＿＿＿＿＿＿＿＿＿＿＿＿＿＿＿＿＿＿＿＿＿＿＿＿＿＿＿＿＿＿＿。

第四章 趣味化学

导言

化学是研究物质的组成、结构、性质和变化的自然科学。它有着悠久的发展历史，与人类文明息息相关。通过学习化学，我们意识到世界是由成千上万种物质组成的，可以了解和改善我们生活和发展的世界。我们周围的世界在变化，多彩而神秘有趣，世界上有无穷无尽的物质和无穷无尽的现象，这一切都让科学家们认真探索世界的奥秘。

通过本章的学习，重点掌握"水精灵"、"火花"爆破、"星光四射"、"钻石"晶体、超大泡泡水、"面粉炸弹"、"水中花园"的制作以及破解指纹密码、巧手清除双面胶胶痕等趣味化学实验技术的实现过程，为您揭开趣味化学的神秘面纱，让您感受趣味化学实验技术的奥妙。

本章主要知识点

➢ 自制"水精灵"
➢ 自制"火花"爆破
➢ 自制"星光四射"
➢ 自制"钻石"晶体
➢ 破解指纹密码
➢ 自制泡泡水
➢ 自制"面粉炸弹"
➢ 自制"水中花园"
➢ 清除双面胶胶痕
➢ 自制环保酵素催化剂

第一节 自制"水精灵"

知识链接

"水精灵"的真正面目是什么？其实就是几毫米大小的彩色小珠子，放在水里浸泡后，就能很快地变成直径超过 1cm 的大珠子，甚至还能生出小"珠子"。这种小珠子是胶丸大小的透明小球，颜色以红、黄、蓝、绿、紫、橙、黑、无色、青为主，非常抢眼，因为放入水中会有"神奇"的变化，所以它们也有个比较炫的名字——"水精灵"。

海藻酸钠是从褐藻类的海带或马尾藻中提取碘和甘露醇之后的副产物，为白色至浅黄色的不定型粉末，无臭，无味，微溶于水形成黏稠溶液。其分子由 β-D-甘露糖醛酸（β-D-mannuronic，M）和 α-L-古洛糖醛酸[guluronic，acid（G）]按（1→4）键连接而成，是一种天然多糖。乳酸钙的分子式为$(CH_3CHOHCOO)_2Ca \cdot 5H_2O$，为白色至乳白色结晶或粉末，基本无臭无味，冷水溶解度较低，易溶于热水，具有溶解度高、溶解速度快等特征。当海藻酸钠遇到乳酸钙中的钙离子后，快速生成凝胶，具有很好的稳定性，通过加入不同颜色的色素，可以制作出各种颜色的水精灵。

项目任务

了解软胶体海藻酸钙的形成过程，并学会制成各种形状的水精灵。

探究活动

所需器材：烧杯、量杯、海藻酸钠、乳酸钙、色素、半球壳、搅拌勺、取样勺、圆盘或白纸。

探究步骤

（1）取 6 勺乳酸钙放进烧杯中，倒入 250mL 清水，不停地搅拌，直至乳酸钙溶于水，得到清澈的溶液，如图 4.1 所示。这步可以将清水换成温水。

（2）在一个量杯中加入两勺海藻酸钠，再加入 60mL 温水（建议 80℃左右），向量杯中滴入几滴色素，用搅拌勺搅拌海藻酸钠溶液，使色素和海藻酸钠完全溶于水中，如图 4.2 所示。这步大概需要 50 分钟以上。

图 4.1　乳酸钙溶液　　　　　　　图 4.2　加色素的海藻酸钠溶液

（3）溶液变黏稠时，将海藻酸钠溶液倒入半球壳中（可满可不满），如图 4.3 所示；将半球壳放入乳酸钙溶液的烧杯中，如图 4.4 所示；晃动烧杯使彩色半球与水精灵分开，如图 4.5 和图 4.6 所示；重复上述操作，可以制出多个水精灵，而且可以根据自己的喜好，改变水精灵的形状和大小，如图 4.7 和图 4.8 所示。水精灵在乳酸钙溶液中浸泡 5 分钟以上再取出，浸泡时间越长，弹性越好。

图 4.3　装模　　　　　　　图 4.4　放入　　　　　　　图 4.5　倒转

图 4.6 侧看

图 4.7 珍珠水精灵

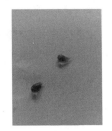

图 4.8 水滴状

想一想

1. 海藻酸钠溶液有哪些性质？
2. 水精灵可以放在金鱼缸中养鱼吗？

温馨提示

水精灵做好后，切勿乱丢弃，要投进"其他"垃圾桶。

成果展示

海藻酸钠与乳酸钙中的钙离子相结合，加入不同颜色的色素快速生成凝胶，这样可以得到色彩多样的美丽水精灵，如图 4.9 所示。此时，您可以让身边的亲戚、朋友来欣赏，分享您的成果，也可以拍成 DV 发到朋友圈，让更多的人分享这一成果。

图 4.9 绿色水精灵和蓝色水精灵

思维拓展

当海藻酸钠遇到乳酸钙中的钙离子后，快速生成凝胶，加入不同颜色的色素，制作出各种颜色的水精灵。受海藻酸钠性质的启发，联想一些生物知识，还可以从哪些方面进行创新？其实，您还可以从装置、工艺、应用、形状、颜色、拓展等方面扩展创新思维形成您的创意，如图 4.10 所示为"水精灵"制作创新思维示意图。

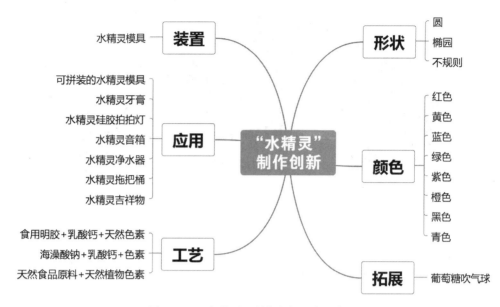

图 4.10　"水精灵"制作创新思维示意图

想创就创

武汉理工大学的戴红莲、焦佳佳、徐超、康海飞等人共同发明了一种海藻酸钠基水凝胶的制备方法，其国家专利申请号：ZL201610814701.8。

本发明涉及一种海藻酸钠基水凝胶及其制备方法。所述海藻酸钠基水凝胶由下述步骤制得：① 将氨基化海藻酸钠 100～300mg、L-赖氨酸 20～100mg 或 L-精氨酸 25～120mg 或 L-鸟氨酸 18～90mg、纳米四氧化三铁磁性粒子 20～100mg 溶解于 PBS 溶液中；② 将 50～300mg 氧化海藻酸钠溶解于硼砂溶液中；③ 将步骤①和步骤②得到的溶液混合并搅拌，在 25℃～45℃下恒温反应 0.5～24h，得海藻酸钠基水凝胶。其中氧化海藻酸钠由海藻酸钠与氧化剂在酸性条件下反应制得，氨基化海藻酸钠通过二胺类化合物改性海藻酸钠得到。本发明制得的海藻酸钠基水凝胶具有可注射、自愈合、可降解、生物相容性好等优点，且原料来源广，制备工艺简单，利于工业生产。

请您下载该专利技术方案并认真阅读，找出它的创意和创新点，想想自己有什么启发。模仿以上专利技术创新方法，尝试创造一种海藻酸钠水精灵。

第二节　自制"火花"爆破

知识链接

火花爆破即火花起爆。火花起爆过程是用点火线、点火棒、点火筒、香等点燃导火索，燃烧沿着导火索的药芯，以比较缓慢的速度，稳定地传递到起爆雷管，利用燃烧的导火索火花引爆火雷管，由电火雷管爆炸，引起整个药包爆炸。

现代定向爆破技术原理之一利用的是熔断技术，要通过某个反应做热源熔断槽钢，当反应产生的温度积累高达 2500℃~3500℃时，槽钢熔断，使其爆破。此反应剧烈，而且短时间要产生大量的热，非炸药莫属。常见的炸药有黑火药、硝化甘油、三硝基甲苯（TNT），这些在修路、开山爆破上应用的比较多。在日常生活中，人们常常采用金属铝的剧烈反应制作"火花"爆破效果，用于节日庆典渲染氛围。例如，引燃后的烟花爆竹通过燃烧或爆炸，产生光、声、色、形、烟雾等效果。

通常，工业上常用铝粉来还原一些金属氧化物，这类反应称为铝热反应。铝热反应放出大量的热，当温度达到一定程度时，铝粉继续剧烈反应，温度可达 3000℃ 以上，反应的方程式为：$2yAl+3M_xO_y=yAl_2O_3+3xM$（M 为金属元素），此反应需要高温条件才能发生。在点燃的条件下发生反应：$2Al+Fe_2O_3 = 2Fe+Al_2O_3$，这是铝热法制铁。此反应需要镁条为引燃剂，点燃镁条，氯酸钾是氧化剂，以保证镁条的继续燃烧，同时放出足够的热量引发金属氧化物和铝粉的反应。此反应过程火花四射，非常剧烈，类似火球爆炸。

项目任务

1. 感受铝热反应火花四射的威力。
2. 掌握铝热反应的基本操作。

探究活动

所需器材：氧化铁粉末 5g，铝粉 2g，镁条 1 根，氯酸钾粉末 2g，护目镜 1 个。

探究步骤

（1）将 5g 干燥的氧化铁粉末和 2g 铝粉放在烧杯中混合均匀制成铝热剂，如图 4.11 所示。

（2）把铝热剂装入用滤纸折叠的漏斗中，放在铁架台上，取两勺（约 2g 左右）氯酸钾充分研碎，撒到铝热剂顶部，如图 4.12 所示。

图 4.11 混合金属粉

图 4.12 放氯酸钾

（3）取一根 7cm 左右的镁条，用砂纸打磨表面的氧化膜，插入铝热剂顶部，如图 4.13 所示。

（4）下面准备好接收器（盘子），接收器上放一些沙子，因反应剧烈，必须选择在户外空地上做，戴好墨镜，以防闪光伤眼，如图 4.14 所示。

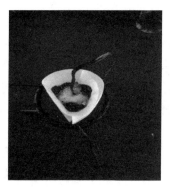

图4.13　插镁条

图4.14　火花四射

想一想

1. 氯酸钾在实验中起了什么作用？
2. 为什么要用纸折叠成漏斗装药品？能否改用其他的硬质仪器？

温馨提示

1. 注意金属产生白光伤眼，注意人身安全。
2. 青少年必须在专业人员指导下进行实验操作。

成果展示

化学反应有新物质的生成，同时伴随能量上的变化，刚才点燃镁条后，反应剧烈，火花四射，反应的威力让人惊叹，如图4.15所示，发生"火花"爆破现象，增添娱乐氛围。镁条的化学反应是把化学能转化为热能和光能，表现出来发光发热。此时，您可以让身边的亲戚、朋友来欣赏，分享您的成果，也可以拍成 DV 发到朋友圈，让更多的人分享这一成果。

图4.15　"火花"爆破

思维拓展

生活中应用的例子不少，如"自发热火锅"的加热器，它的主要成分是铁粉、铝粉、焦炭粉和生石灰粉等，生石灰遇到水容易发生化学反应，释放大量的热，铁粉和铝粉快速氧化，也会释放出大量的热，这些释放的热量足以让少量的水沸腾。利用化学放热反应的创新便民应用，可以给人们提供方便，但也存在一定的风险，一定要按说明书来使用。市面上还有自发热贴、暖宫贴、暖手宝等，这些是否与化学反应相关呢？另外，我们还可以从哪些方面入手进行创新？其实，您还可以从应用、材质、颜色、拓展等方面扩展创新思维，形成您的创意，如图 4.16 所示为"火花"爆破制作创新思维示意图。

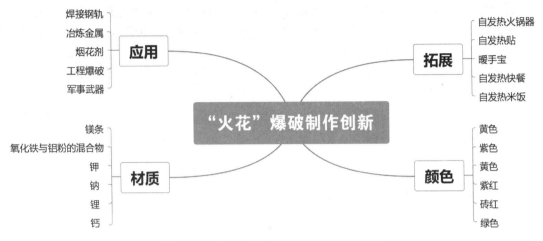

图 4.16 "火花"爆破制作创新思维示意图

想创就创

成都兴放牛娃食品有限公司的廖芸健发明了一种自发热食用小火锅，其国家专利申请号：CN201711208824.8。

此自发热食用小火锅的特征在于包括内盒体及外盒体，内盒体套接在外盒体上，且内盒体的底壁与外盒体下部形成一个空腔；在内盒体中设有火锅底料包；在空腔中设有自发热材料包。所述的自发热材料包括按照重量份数计的如下组分：还原铁粉 20 号 40 份、五氧化二磷 3 号 20 份、氧化钙 3 号 5 份、二氧化锰 15 号 17 份、高锰酸钠 9 号 12 份、无水硫酸钾 7 号 10 份、高分子吸水树脂 2 号 4 份以及 15～23 份的引发剂。所述的火锅底料包的原料包括按照重量份数计的如下组分：鱼骨头 30 号 50 份、新鲜食用菌 6 号 9 份、新鲜大蒜 2 号 4 份、姜片 1 号 3 份、甘草 0.1 号 0.3 份、陈皮 0.1 号 0.3 份、良姜 0.1 号 0.2 份、新鲜西红柿 1 号 12 份、迷迭香 0.1 号 0.3 份、丁香 0.1 号 0.2 份、柠檬 2 号 4 份、低钠盐 0.3 号 0.5 份、酒酿 1 号 2 份。

请您下载该专利技术方案并认真阅读，找出它的创意和创新点，想想自己有什么启发。模仿以上专利技术创新方法，尝试创造一种自热盒子饭。

第三节 自制"星光四射"

知识链接

人人都说彩虹漂亮，为什么呢？太阳光是七色光，由红、橙、黄、绿、蓝、靛、紫这七色光组成。雨后，当阳光照射到半空中的雨点时，光线被折射及反射，在天空上形成拱形的七彩光谱，当不同颜色的光掺杂在一起时，视觉感非常漂亮。纵观大型节目表演时，都用不同颜色的光来作为背景，渲染气氛，给人一种如梦如幻的感觉，效果非常好。

活泼的金属都具有强还原性，容易失去电子，根据金属活动性顺序表：K Ca Na Mg Al Zn Fe Sn Pb (H) Cu Hg Ag Pt Au，越排在前面的金属越容易与氧气反应，在点燃的条件下表现出来的都是发光发热，大部分的金属及其化合物都有焰色反应，含金属元素的物质在火焰上灼烧，表现出不一样的颜色。金属的燃烧特性和金属元素的焰色反应所呈现出来的颜色混搭在一起给人的视觉感，形成类似于七色彩虹一样的效果。

当硫酸铜、镁粉和还原铁粉落在火焰上时，铜离子使火焰呈绿色，镁粉和铁粉与空气接触，容易被火焰灼烧，与氧气反应生成氧化镁和四氧化三铁，反应产生的热使四氧化三铁发红，而铝粉和镁粉燃烧发生耀眼的强光，于是出现细小的红光和耀眼的白光在绿色的火焰上方四射，一闪一闪的，像放烟花一样，非常漂亮。

项目任务

感受星光四射的魅力。

探究活动

所需器材：研钵 1 个，塑料盒 1 个，固体酒精 1 个，镁粉，铁粉，铝粉，硫酸铜固体。

探究步骤

（1）把 3g 硫酸铜晶体研成粉末，然后加入 3g 镁粉、3g 铝粉、3g 还原铁粉，把它们混合均匀，如图 4.17 所示。

（2）把混合均匀的固体放入塑料盒里，塑料盒的底部用针打多个小孔，如图 4.18 所示。

（3）在一个金属盒子里放入固体酒精并点燃，轻轻摇动塑料盒，把混合物散落在火焰上，会发出白色、红色、绿色、蓝色等不同颜色的光，一闪一闪的，像放烟花一样，非常漂亮，如图 4.19 所示。

图 4.17　混合粉末　　　　图 4.18　塑料盒打孔　　　　图 4.19　灼烧观察

想一想

1．混合物为什么要磨碎？

2．为了达到不同颜色的光，本实验还可以添加什么物质？

温馨提示

1．注意金属产生白光伤眼，注意人身安全。

2. 青少年必须在专业人员指导下进行实验操作。

成果展示

在一个金属盒子里，放入固体酒精并点燃，轻轻摇动塑料盒，把混合物散落在火焰上，发出星光四射现象，如图 4.20 所示。此时，您可以让身边的亲戚、朋友来欣赏，分享您的成果，也可以拍成 DV 发到朋友圈，让更多的人分享这一成果。

图 4.20　星光四射

思维拓展

不同的金属元素在燃烧过程中会发出不同的光，具体颜色对应如下：钠 Na—黄、锂 Li—紫红、钾 K—浅紫、铷 Rb—紫、铯 Cs—紫红、钙 Ca—砖红色、锶 Sr—洋红、铜 Cu—绿、钡 Ba—黄绿。镁粉、铝粉、铁粉这些金属容易燃烧，发出耀眼的白光。通过本项目的学习，我们从中可以学到些什么呢？又还能从哪些方面进行创新？其实，您还可以从材料、金属、用途、拓展等方面扩展创新思维形成您的创意，如图 4.21 所示为"星光四射"制作创新思维示意图。

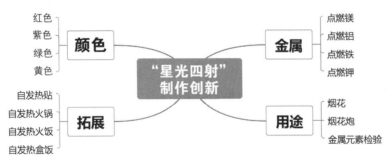

图 4.21　"星光四射"制作创新思维示意图

想创就创

北京理工大学的闫石、李成法、张所硕、吴鑫洲、韩德等人发明了一种多波长冷光烟花用金属合金粉体的制备方法。其国家专利申请号：CN201910216398.5。

金属锆由于发火点低、燃烧产物无污染，因此常被用作制备点火药或冷光烟花的可燃组分。但其在空气中燃烧时，火焰呈银白色，观赏效果一般。本发明针对新型安全、环保型冷光烟光装置对多波长辐射可燃剂的使用要求，利用不同金属电子跃迁时辐射出不同波长的可见光，采用球形离心雾化技术，以金属锆作为主体，加入其他金属可燃剂制备成金属合金可燃剂，通过对粉体燃烧时辐射波段进行调整，实现了对冷光烟花"上色"的目的。同时，本发明中制得的粉体并非氧化还原体系，在使用过程中只与空气中的氧气反应，从而避免了存放、运输、使用时发生意外的燃烧爆炸事故。

请您下载该专利技术方案并认真阅读，了解其独创性和创新性，想想自己有什么启发。模仿以上专利技术创新方法，自己在家制作一种安全烟花效果装置设计方案。

第四节　自制"钻石"晶体

知识链接

物质常见状态有气态、液态和固态。固态物质按照微粒的排布特点分为晶体和非晶体。晶体是由大量微观物质单位（原子、离子、分子等）按一定规则有序排列的结构，因此可以通过固体结构单位来研究微粒的排列规则和晶体形态。分子是原子通过共价键结合而形成的，如 H_2O 分子；或者是原子直接就是分子，如稀有气体；离子是原子通过离子键结合而形成的，如 NaCl。换句话说，如果固体物质内部的微粒在空间按一定的顺序有规律地、周期性地重复排列，我们称它为晶体。如果固体物质内部的组成粒子在空间无规律排布，则叫非晶体。

晶体分为离子晶体、原子晶体、分子晶体、金属晶体四大典型晶体，各对应的有食盐、金刚石、干冰（固体 CO_2）和金属。金刚石、钻石和水晶等属于原子晶体，它们普遍有一些特点，如硬度大、熔点高。

晶体通常呈现规则的几何形状，就像有人特意加工出来的一样，其内部原子的排列十分规整严格，比士兵的方阵还要整齐得多。根据晶体的常见形状分为立方晶系、六方晶系、三斜晶系、菱形晶系等。钻石与明矾都属于立方晶系，其晶体都是白色透明的，除了硬度、熔点、折射等的区别，其外观非常相似。钻石在地球深部高温、高压条件下形成，是世界上最坚硬的、成分最简单的宝石。它是由碳元素组成的，是具有立方结构的天然无色晶体。钻石号称"宝石之王"，因量稀少，价格非常昂贵。钻石属于原子晶体，硬度大，根据摩氏硬度标准来确定，钻石属于金刚石为最高级第 10 级，是世界上最坚硬的物质，其熔点高，接近 4000℃。钻石抛光面之所以呈现灿烂光泽，是由于钻石具有高折射率和强色散，因而呈现五彩斑斓、晶莹似火的光学效应。

晶体制备步骤：配制明矾的饱和溶液，放置一段时间，水分挥发，析出晶体，寻找有规则的小晶体作为晶核，浸在室温下的饱和溶液中，继续放置一段时间，水分慢慢挥发，溶液过饱和状态，溶质会附在晶核上慢慢地析出来，晶体会慢慢地长大。

项目任务

制备透明的明矾（$KAl(SO_4)_2 \cdot 12H_2O$）晶体。

探究活动

所需器材：温度计 1 个，细线（透明）1 段，烧杯 500mL 1 个，明矾 1 瓶。

探究步骤

（1）在烧杯中放入 500mL 的蒸馏水，加热升温至 40℃左右，并加入明矾，用干净的玻璃棒搅拌，直到有少量晶体不能再溶解为止，如图 4.22 所示。

（2）待溶液自然冷却至比室温略高 5℃左右时，把溶液倒入洁净的烧杯中，用纸片盖好，静置一夜，如图 4.23 所示。

（3）溶液中有晶体析出来时，从烧杯中选取 1 粒形状完整的小晶体作为晶核，把晶核用细线系好，如图 4.24 所示。

图 4.22　配饱和溶液　　　　　　图 4.23　冷却　　　　　　图 4.24　系好小晶核

（4）把步骤（3）的明矾溶液倒入另一干净的烧杯中，此时的溶液依然是饱和的，把小晶核悬挂在烧杯中央，不要使晶核接触杯壁，用硬纸片盖好烧杯，静置过夜，如图 4.25 所示。

（5）每天观察，如果溶液底部有较多晶体析出来，则把上层清液倒入另一干净的烧杯中，把晶体悬挂在烧杯中央，用纸片盖好烧杯，静置过夜，如图 4.26 所示。

图 4.25　悬挂晶核　　　　　　图 4.26　每天观察

（6）重复步骤（5），直到晶体长到一定大小为止。

想一想

1. 晶体慢慢长大的原理是什么？
2. 能否根据相同的原理制备其他有色的"钻石"晶体呢？

温馨提示

1. 严禁食用明矾（$KAl(SO_4)_2 \cdot 12H_2O$）。
2. 严禁儿童操作。

成果展示

如图 4.27 所示自制的"钻石"晶体，说明您的人工钻石晶体制作成功。此时，您可以让身边的亲戚、朋友来欣赏，分享您的成果，也可以拍成 DV 发到朋友圈，让更多的人分享这一成果。

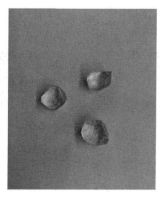

图 4.27　做好的晶体

思维拓展

人工合成钻石与天然钻石性质上没什么差异，它们是利用石墨和金刚石粉为原料，将它们溶解在铁镍合金的触媒中，借高温超高压反应，在温度较低的金刚石种晶体上沉淀而长大的宝石级别的金刚石的制作原理与明矾晶体析出大体相近。晶体的析出还能应用在哪些领域呢？人工晶体还可以从哪些方面进行创新？其实，您还可以从应用、装置、颜色、品种、形状、工艺等方面扩展创新思维形成您的创意，如图 4.28 所示为人工晶体制作创新思维示意图。

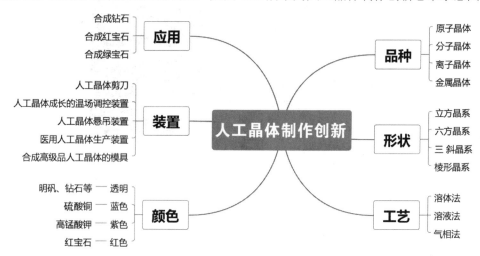

图 4.28　人工晶体制作创新思维示意图

想创就创

哈尔滨摆渡新材料有限公司的张金玉发明了一种制备石墨烯的方法及装置，其国家专利申请号：CN201710206112.6。

本发明涉及一种石墨烯的制备方法，包括如下步骤：① 将卤盐盐粒和膨胀石墨蠕虫混合均匀，然后置于搅拌器内；② 密闭搅拌器后启动，持续搅拌 10～200 小时，使膨胀石墨蠕虫与卤盐充分接触；③ 取出卤盐和膨胀石墨蠕虫的混合物置于水中，清洗卤盐表面的石墨，将溶于盐水的石墨与卤盐分离，再将混有石墨烯的盐水多次用清水洗净，超声剥离后过滤，将固体物质烘干提纯，即得到所需的石墨烯。本发明的制备方法简单易行，对装置要求低，不需要复杂的操作手段即可完成。

请您下载该专利技术方案并认真阅读，找出它的创意和创新点，想想自己有什么启发。模仿以上专利技术创新方法，创造一种艺术晶体。

第五节　破解指纹密码

知识链接

指纹是人类手指末端指腹上由凹凸的皮肤所形成的纹路，看似指纹能使手在接触物件时增加摩擦力，实际上指纹是减少了摩擦力，使皮肤更容易拉伸和变形，这样可以避免皮肤受到伤害，从而更容易发力及抓紧物件，它是人类进化过程中自然形成的。每个人的指纹不同，哪怕同一个人的十指，指纹也有明显区别，因此指纹可以用于身份鉴别。公安部门有录入指纹系统，用于记录每个人的指纹。指纹识别是指通过比较不同指纹特征来进行鉴别，技术涉及众多学科，如何从众多指纹中实现正确的匹配和提取是指纹识别的关键。

手上分泌的一些物质如油脂，在接触某些东西时，就会和对方发生一些物质的相互转换，有些可见，有些不可见，这时需要借助某些物质使它显现，让我们的肉眼能够看见，碘蒸气就是其中的一种方法。油脂为非极性分子（电子云分布均匀的分子），碘单质分子也是非极性分子，根据相似相溶原则，同为非极性分子容易互溶在一起。碘（I_2）受热时，升华变成碘蒸气，碘蒸气溶解在手指上的油脂分泌物中，并形成棕色的指纹印记显示出来。

另外，生物识别技术是指通过计算机与众多学科密切结合，利用人体固有的如指纹、人脸、虹膜等生理特性和如笔迹、声音等行为特征来进行个人身份的鉴定。由于人所具有的特性是唯一、不可复制、不会被丢失和遗忘的，所以利用生物识别技术进行身份认定，安全、可靠、准确。以往所用的钥匙、门禁、磁卡等容易丢失或被盗窃，指纹作为生物识别技术价格最便宜、最方便的方式，在门禁、保险箱、身份认证等方面开始广泛应用，并逐渐被大家接受，市场非常广阔。

项目任务

了解指纹鉴定的基本方法。

探究活动

所需器材：试管 1 个，橡胶塞 1 个，钥匙 1 个，酒精灯 1 个，剪刀 1 把，白纸 1 张，碘单质固体少量。

探究步骤

（1）取一张干净的白纸剪成小长方形，在白纸的不同地方印几个不重合指纹，如图 4.29

所示。

（2）用钥匙取米粒大小的碘，放入试管中，把白纸悬挂在试管中部，用橡胶塞塞紧，如图 4.30 所示。

图 4.29　印指纹

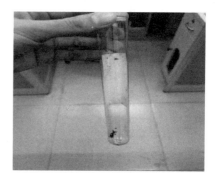

图 4.30　悬挂纸条

（3）把装有碘的试管在酒精灯上加热，产生碘蒸气，熏蒸一段时间，如图 4.31 所示。

（4）停止加热，冷却后拿出纸条，观察纸条上的指纹，如图 4.32 所示。

图 4.31　加热熏蒸

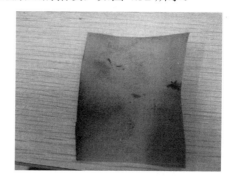

图 4.32　冷却纸条上的指纹

想一想

1．碘加热由固体直接变气体，这个过程是什么？还有哪些物质能发生同样的现象？

2．日常生活中碘单质还可以大量溶解在哪里？

温馨提示

1．严禁食用。

2．严禁儿童操作。

成果展示

把装有碘的试管在酒精灯上加热，产生碘蒸气，给印有指纹的白纸条熏蒸一段时间之后，停止加热，冷却后拿出纸条，就能很清晰地显示出指纹，如图 4.33 所示。此时，您可以让身边的亲戚、朋友来欣赏，分享您的成果，也可以拍成 DV 发到朋友圈，让更多的人分享这一成果。

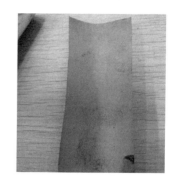

图 4.33　指纹的检验

思维拓展

指纹的检验方法有很多，如手除了分泌油脂，还有汗液，汗液含有氯化钠，向指纹印上喷洒硝酸银溶液，指纹印上的氯化钠就会转化成氯化银不溶物，化学方程式为：$AgNO_3+NaCl=AgCl\downarrow+NaNO_3$，$AgCl$ 是不溶于水也不溶于酸的白色沉淀，经过日光照射，氯化银分解出细银颗粒（Ag），就会显示棕黑色的指纹，这也是指纹检验的常用方法之一。

作为生物识别技术中应用最广泛、价格最低廉的识别技术之一，指纹识别技术保持着良好的发展态势。把指纹识别技术应用于传统的门锁中，是生物识别技术从专业市场走向民用市场的不二之选。指纹锁将会逐渐取代传统钥匙开门的方式，新一轮的指纹锁应用市场将会飞速发展。指纹除了作为人身份的识别，指纹检验还能做什么？还能进行哪些方面的创新？其实，您还可以从日常应用、检验装置、提取方法、外观设计、拓展应用等方面扩展创新思维形成您的创意，如图 4.34 所示为指纹检验创新思维示意图。

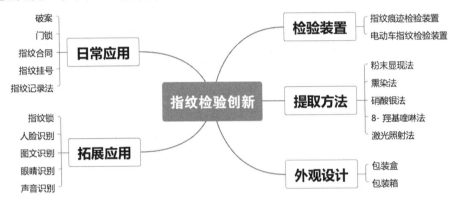

图 4.34 指纹检验创新思维示意图

想创就创

南京律智诚专利技术开发有限公司的王毓芳发明了一种指纹挂号方法，其国家专利申请号：CN201711010269.8。

本发明涉及一种指纹挂号方法，其特征在于，所述方法包括如下步骤：① 医院自动挂号机和挂号处分别安装指纹采集器；② 指纹采集器和医院挂号系统相连；③ 患者在挂号时，需在医院自动挂号机和挂号处分别安装的指纹采集器上录入任意一个手指的指纹；④ 医院挂号系统将患者录入的指纹和患者所挂的号对应地存储在系统里，做到一号一指纹；⑤ 患者在就医时，除了出示挂号单，还需在医生的指纹检验器上复验挂号时采集的指纹。

请您下载该专利技术方案并认真阅读，找出它的创意和创新点，想想自己有什么启发。模仿以上专利技术创新方法，自己在家制作一种指纹锁。

第六节　自制泡泡水

知识链接

泡泡是由于水的表面张力而形成的。这种张力是物体受到拉力作用时，存在于其内部而垂直于两相邻部分接触面上的相互牵引力。由于水面的水分子间的相互吸引力比水分子与空气之间的吸引力强，这些水分子就像被黏在一起一样，科学家将这种有吸引力和弹性的趋向称为"表面张力"。但如果水分子之间过度黏合在一起，泡泡就不易形成了。肥皂（或各种洗涤剂）的表面活性剂含有疏水端（排斥）和亲水端（亲水），"打破"了水的表面张力，把表面张力降低到只有通常状况下的 1/3，而这正是吹泡泡所需的最佳张力。

通常情况下，将洗洁剂加入水时，降低了表面张力的液体使您能够制造出一种由两层洗洁剂分子夹着一层水分子的三明治形的薄膜，这层薄膜包裹住一大团空气，就形成了吹出的泡泡。泡泡会努力变圆，是因为泡泡内部的气压要略高于泡泡外部的气压，表面张力会迫使它们的分子结构重新排列，从而使表面积尽可能变小，而在所有的三维形状中，球体是表面积最小的形状。当然，其他一些推动力，比如您的呼吸或者一阵微风，都可以影响到泡泡的形状。由于水层表面会挥发，水和洗洁剂的分子层厚度一直在发生细微的变化，光线从不同角度照射在洗洁剂层表面时，会出现反射并且反射光会相互影响，因此泡泡会呈现出五彩缤纷的颜色。光线穿过肥皂泡的薄膜时，薄膜的顶部和底部都会产生折射，肥皂薄膜最多可以包含大约 150 个不同的层次。我们看到的凌乱的颜色组合是由不平衡的薄膜层引起的，最厚的薄膜层反射红光，最薄的薄膜层反射紫光，居中的薄膜层反射七彩光。

泡泡水简单易制，难的是用简易的日用品配制大泡泡水。利用甘油、皂液洗衣液、洗洁精和瓜尔胶粉等日用品来配制，可以配制无毒的超大泡泡水。皂液洗衣液、洗洁精是起泡剂。皂液含皂基活性成分，其结构与油脂相似，主要成分与肥皂主要成分类似，为脂肪酸盐阴离子表面活性剂。洗洁精的主要成分是烷基磺酸钠、脂肪醇醚硫酸钠、泡沫剂、增溶剂、香精、水、色素和防腐剂等。烷基磺酸钠和脂肪醇醚硫酸钠也都是阴离子表面活性剂。皂液、洗洁剂在泡泡水中起到了协同作用，其中的很多学问还值得探究。甘油或玉米糖浆调制出来的溶液能够减缓水的蒸发速度，使泡泡存在时间更久。瓜尔胶粉可以增强泡泡的稳定性。瓜尔胶为大分子天然亲水胶体，属于半乳甘露聚糖，常作增稠剂。其外观是白色到微黄色的自由流动粉末，能溶于冷水或热水，遇水后形成胶状物质，达到迅速增稠的功效。在实践过程中，发现：泡泡水中甘油、皂液洗衣液、洗洁剂、水的体积比为 2∶1∶1∶10，换句话说，100mL 水加入 1g 瓜尔胶粉，可以达到不错的效果。

项目任务

自制超大泡泡水。

探究活动

所需器材：网购泡泡剑（41cm），100mL 直饮水（或蒸馏水），20mL 甘油，10mL 皂液洗衣液，10mL 洗洁剂，1g 左右瓜尔胶粉，塑料瓶，200mL 烧杯，一次性筷子。

探究步骤

（1）用量杯量取 20mL 甘油、10mL 皂液洗衣液、10mL 洗洁剂，如图 4.35 所示；倒入 200mL 容量的容器中，如图 4.36 所示。

（2）用电子天平称量 1g 左右瓜尔胶粉，如图 4.37 所示。

（3）用量杯量取 100mL 直饮水（或蒸馏水），如图 4.38 所示。

图 4.35　皂液、甘油与洗洁剂

图 4.36　倒入容器中

（4）将瓜尔胶粉和水倒入容器中，用一次性筷子充分搅拌，得到有点黏稠的泡泡混合液，如图 4.39 所示。

图 4.37　称量瓜尔胶粉

图 4.38　量取水

图 4.39　混合搅拌

（5）泡泡剑容器（泡泡剑）中装满混合液，如图 4.40 所示。

（6）吹泡泡，如图 4.41 所示。

图 4.40　装满泡泡剑

图 4.41　扫动吹泡泡

想一想

1. 如果在泡泡水中加入香草精油或薄荷精油，能制造出有香味的泡泡吗？它们会对浸出来的泡泡薄膜产生影响吗？加入葡萄糖，胶水效果会不会更佳？

2. 家里没有甘油的话，适当添加保湿水、润肤露、护手霜是否有效果？

温馨提示

1. 吹泡泡不要对着眼睛，以免引起眼睛不适。

2．严禁儿童单独操作。

成果展示

泡泡剑装满混合液扫动就可以吹出泡泡。可以用嘴吹泡泡，离泡泡剑为 1～2cm，缓缓打开泡泡剑，以恒定速度轻轻吹动。建议借助风力来吹泡泡，朝着顺风方向，缓缓打开泡泡剑，轻轻扫动吹泡泡；或者手持泡泡剑放在身体的侧下方，身体转个圈，让泡泡剑随着身体的转动缓缓画个圈，借助身体转动的气流吹泡泡。除此之外，还可以创新各种玩法。例如，鼓泡包，如图 4.42 所示；泡泡机吹泡泡，如图 4.43 所示；水上颠泡泡，如图 4.44 所示；与水黏合，如图 4.45 所示。

图 4.42　鼓泡泡　　　　　　图 4.43　泡泡机吹泡泡　　　　　图 4.44　水上颠泡泡

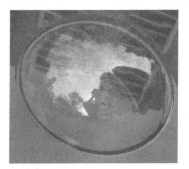 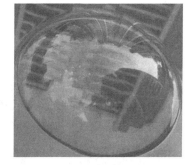

图 4.45　与水黏合变蓝色或黄色

您的泡泡吹得越大越多，持续时间越长，说明您的泡泡液制作成功了。您也可以让身边的亲戚、朋友、老师、同学来分享您的成果，让更多的朋友来吹您做的泡泡液，吹出更大、更稳定的泡泡，并拍成 DV 发到朋友圈让更多的人分享这一成果。

思维拓展

还有很多泡泡配方值得探究，如加入白糖、葡萄糖和醋，加入胶水等。从刚才的泡泡自制工艺来看，泡泡制作还有哪些方面的创新？其实，您还可以从品种、大小、包装、装置、拓展、工艺、彩色等方面扩展创新思维形成您的创意，如图 4.46 所示为泡泡水制作创新思维示意图。

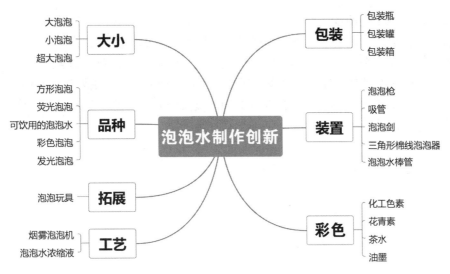

图 4.46 泡泡水制作创新思维示意图

想创就创

泉州丽高食品有限公司的王海彬发明了一种安全无毒的亮彩泡泡液，其国家专利申请号：CN201910652299.1。

本发明涉及玩具泡泡液领域，尤其是涉及一种安全无毒的亮彩泡泡液，其由以下质量百分比的原料制成：羧甲基纤维素 0.1%～1%、食盐 0.1%～0.5%、砂糖 0.1%～0.5%、三氯蔗糖 0.1%～0.5%、甜橙油 0.01%～0.1%、月桂酸硫酸钠 5%～25%、植物花色苷 0.01%～0.05%、聚六亚甲基胍盐酸盐 0.01%～0.1%、MMB1%～2%、纳米二氧化硅光饰液 0.05%～0.1%、柠檬酸亚锡二钠 0.01%～0.05%，余量蒸馏水；所述纳米二氧化硅光饰液由质量份数比为 0.1～0.3∶10～15∶2～3 的黄原胶、泛酸钙、纳米二氧化硅微球与水充分混合而成。本发明利用纳米二氧化硅微球独特的光学性能，增强泡泡的亮度和虹彩效果，不仅发明组均为工业化量产原料，价格低廉，安全无毒，且发明的生产工艺简单易于实现，推广使用价值巨大。

请您下载该专利技术方案并认真阅读，找出它的创意和创新点，想想自己有什么启发。模仿以上专利技术创新方法，自己在家制作一种彩色泡泡液。

第七节　自制"面粉炸弹"

知识链接

面粉爆炸，是指面粉颗粒遇明火产生爆炸的现象。面粉生产过程中，产生大量的面粉的极细粉尘，当这些粉尘悬浮于空中，并达到很高的浓度时，比如每立方米空气中含有 9.7g 面粉时，一旦遇到火苗、火星、电弧或适当的温度，瞬间就会燃烧起来，形成猛烈的爆炸，其威力不亚于炸弹。2015 年，台湾一水上乐园在举办"彩色派对"时发生粉尘爆炸，造成 10 人死亡，500 多人受伤，爆炸源正是面粉……

粉尘之所以会成为"炸药"，是因为粉尘具有较大的比表面积。与块状物质相比，粉尘化学活动性强，接触空气面积大，吸附氧分子多，氧化放热过程快。当条件适当时，如果其中某一粒粉尘被火点燃，就会像原子弹那样发生连锁反应，爆炸就发生了。

面粉爆炸需要三个条件：① 密闭的有限空间；② 有可燃性气体或粉尘；③ 混入空气或氧气。具备了这三个条件，面粉就会发生爆炸。制作"面粉炸弹"主要包括密闭空间的创设、位置的调节（火焰与桶高的比例调整为 1：3）、装置的防火性能、鼓入空气的位置与方法、粉尘的快速分散，从多个角度加快反应速率使面粉爆炸。

项目任务

制作面粉炸弹。

探究活动

所需器材： 奶粉罐，钉子，锤子，铝箔，小纸盒（本次用的是止血贴的纸盒），60mL 针筒，筛子，纯面粉 1 勺（微波炉叮干），酒精灯灯芯（或蜡烛），酒精，双面胶，热熔胶（热熔胶枪），火柴。

探究步骤

（1）选择 800～900g 容量的奶粉罐，用钉子和锤子在下方离底部 1cm 左右位置钉一个小洞，如图 4.47 所示。

（2）调节好铝箔盖子大小，半径比奶粉罐大 1cm，能够折叠封闭奶粉罐口，如图 4.48 所示（若有配套金属盖则此步骤省略）。

（3）面粉用筛孔较细的筛子过滤，除去面粉中的大颗粒，如图 4.49 所示。

图 4.47　钉小孔　　　　　图 4.48　铝箔盖子　　　　　图 4.49　筛面粉

（4）剪出 2cm 左右酒精灯灯芯，用热熔胶胶水（或其他胶水）粘在奶粉罐 1/3 左右高的位置，如图 4.50 所示。

（5）剪好 2cm 高的薄纸盒（或小塑料杯），如图 4.51 所示。

（6）纸盒放在奶粉罐底部靠近钉子孔位置，用针从外部沿着钉子孔扎进纸盒，用双面胶将纸盒粘在奶粉罐底部，如图 4.52 所示。

（7）用双面胶封住奶粉罐底部钉子眼（因为钉子钉的孔比针孔大得多），再用大号针筒扎进奶粉罐小孔与塑料杯小孔，针筒外拉到最满，如图 4.53 所示。

（8）向纸盒内加入微波炉叮干的或炒干的面粉，如图 4.54 所示。

（9）往灯芯滴入一滴管的酒精，点燃，如图 4.55 所示。

图 4.50　粘灯芯

图 4.51　剪小纸盒

图 4.52　粘小纸盒

图 4.53　封钉子眼

图 4.54　加入面粉

图 4.55　点火

（10）迅速盖上铝箔盖（或原金属盖）密封，如图 4.56 所示。

（11）推动针筒，鼓气使面粉瞬间分散，火焰喷出，盖子掀起少许，如图 4.57 所示。

图 4.56　盖上盖子

图 4.57　火焰喷发

想一想

1．使面粉瞬间分散的目的是什么？是否要大功率鼓气？可能会造成爆炸失败，为什么？

2．为什么要将面粉用筛孔较细的筛子过滤，除去面粉中的大颗粒？

3．尝试能否继续改进到透明的容器中进行，现象更佳。

温馨提示

1．操作过程注意安全，切勿玩火，防止刺伤。

2．切勿将热胶碰到手部皮肤，以免烧伤。

3．实验过程必须在专业人员指导下完成操作。

成果展示

爆炸适当掀起纸桶，火焰明显，说明您的项目成功了，如图 4.57 所示。此时，您可以让身边的亲戚、朋友来欣赏，分享您的成果，并警示他们注意安全。当燃气灶正开着火的时候，千万别扬撒面粉，否则会导致面粉着火！还可以拍成 DV 发到朋友圈，让更多的人分享这一成果。

思维拓展

除面粉外，其他一些易燃烧的粉尘，如木屑、塑料、煤粉等，只要这些粉尘在空气中达到一定浓度，遇到明火就会引起剧烈的爆炸。除此之外，从面粉爆炸现象出发，还可以从哪些方面进行创新？其实，您还可以从拓展、装置、教具、类型、预防等方面扩展创新思维形成您的创意，如图 4.58 所示为"面粉炸弹"制作创新思维示意图。

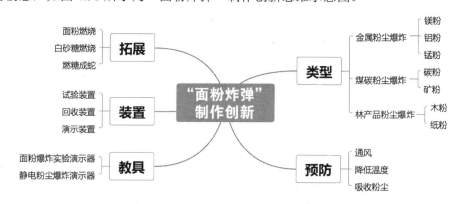

图 4.58 "面粉炸弹"制作创新思维示意图

想创就创

浙江广厦建设职业技术学院的楼丹发明了一种防盗爆炸面粉球，其国家专利申请号：CN201220124005.1。

本实用新型公开了一种防盗爆炸面粉球，包括储气罐和塑料薄膜球，所述储气罐和塑料薄膜球通过高压软管连接。本实用新型的有益效果是结构简单合理，便于隐蔽安装。当有盗贼入侵发生报警时，可以通过迅速充气爆炸，通过爆炸声音，吓阻或吓退盗贼，起到延缓盗窃发生或吓走盗贼的目的。

请您下载该专利技术方案并认真阅读，找出它的创意和创新点，想想自己有什么启发。模仿以上专利技术创新方法，自己在家制作面粉爆炸试验装置。

第八节　自制"水中花园"

知识链接

我们大多数人对海底世界都充满好奇，期望有机会可以到海底游览，海底世界中五颜六色的景象是最吸引我们眼球的，简直是一场视觉盛会！我们想到化学的知识领域就有制取各种颜色的絮状或沉淀物，因此，想利用硅酸盐水溶液中发生离子反应得到各种颜色的絮状物或沉淀物来模拟一个五彩斑斓的海底世界。

各种金属盐类与硅酸盐作用，在盐晶体表面形成硅酸盐薄膜，该薄膜不溶于水但具有半渗透性。在薄膜里面形成盐的浓溶液，薄膜外面是硅酸钠溶液，外面的渗透压明显小于薄膜里面，薄膜膨胀达到一定的压力后，薄膜破裂，金属盐溶液射出，与外面的硅酸钠作用，又生成了另外一层难溶的硅酸盐薄膜。这一过程不断重复，就像植物不断地生长起来一样。

部分盐与硅酸钠溶液反应得到难溶物的颜色：$CuCl_2$—蓝绿色、$MnCl_2$—粉红色、$CoCl_2$—紫红色、$FeCl_3$—棕褐色、$ZnCl_2$—半透明、$CaCl_2$—白色。

项目任务

1．了解配制饱和硅酸钠溶液。
2．掌握胶头滴定管的操作技巧。
3．了解各种颜色的"花"在硅酸盐饱和溶液中生长的原理。

探究活动

所需器材：硅酸钠和氯化钙，硫酸钙，硝酸钴，硫酸镍，硫酸锰，硫酸锌，硫酸铁，氯化铁等。

探究步骤

（1）在底部放有沙粒的水槽中配制"海水"，将硅酸钠溶于水，配成 2L 饱和溶液，如图 4.59 所示；再将饱和硅酸钠溶液缓慢地注入装有沙粒的水槽中，如图 4.60 所示。

图 4.59　准备好的"海水"　　　图 4.60　将饱和硅酸钠溶液移入水槽

（2）分别在水槽中不同位置用胶头滴管将各种硫酸盐插送入沙子表面释放出来，不同位置播种"花种"，如图 4.61 所示；慢慢观察水槽中的变化，慢慢长起来的"花"如图 4.62 所示。

图 4.61　在不同位置播种"花种"　　　图 4.62　慢慢长起来的"花"

（3）"花"开初期如图 4.63 所示，快速生长期如图 4.64 所示；等到所有的"花"冒起来后，移到阳光充足的地方欣赏自己创造的"海底花园"，如图 4.65 所示.

图 4.63　"花"开初期　　　图 4.64　"花"快速生长期　　　图 4.65　海底花园

想一想

1．为什么不使用有颜色的盐溶液滴到水槽底部，而是将固体挤入沙粒表面？
2．通过这个项目活动，你还能想出哪些物质可以在饱和硅酸钠溶液中产生树状的色彩？

温馨提示

1．实验中使用过的重金属要在实验员指导下回收处理。
2．严禁儿童单独操作。

成果展示

为了让"树花"开得更灿烂，在制取"海水"环节要精细，先将硅酸钠溶于水后配成饱和溶液，再过滤除掉未溶解的硅酸钠固体，目的是保证水槽中的溶液是完全透明的，没有渣。另外，为了使沙子不在溶液中形成悬浮状态，我们采用缓慢的引流方式，将滤液静静地转移到沙子上面，漂亮的海底世界就制作成功了，如图 4.66 所示。此时，您可以让身边的亲戚、朋友来欣赏，分享您的成果，也可以拍成 DV 发到朋友圈，让更多的人分享这一成果。

图 4.66　漂亮的海底世界

在实验的过程中会遇到一些问题，除了向老师求助，更重要的是自己去思考，去实践，体验成功的快乐。有了这次愉悦的成果体验，我们以后会更加积极地去开拓新的知识领域。

思维拓展

利用部分盐与硅酸钠溶液反应得到难溶物的颜色，从而构建"水中花园"。我们还可以尝试用市售水玻璃继续探究很多有趣的实验，如将火柴杆泡在水玻璃中一会儿取出晾干，再点燃，看看能不能着火；再如可以自己动手制作玻璃胶等。从水中花园制作过程来看，还可以从哪些方面进行创新？其实，您还可以从用途、装置、颜色、工艺等方面扩展创新思维形成您的创意，如图 4.67 所示为"水中花园"制作创新思维示意图。

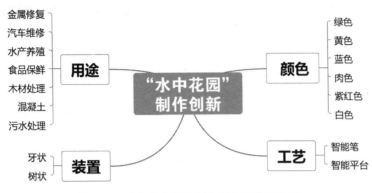

图 4.67 "水中花园"制作创新思维示意图

想创就创

皖江工学院的张诚、张鹏、施艺、戴丽媛、杨明杰、蓝晶晶等人发明了一种海绵城市雨水花园水湿生木本植物用水中种植结构，其国家专利申请号：CN202020773898.7。

本实用新型涉及绿化技术领域，且公开了一种海绵城市雨水花园水湿生木本植物用水中种植结构，包括支撑底座和设于支撑底座上的若干个种植箱体；其中若干个种植箱体中每个种植箱体均通过多个伸缩管件与支撑底座相连，若干个种植箱体中每个种植箱体还连接有多个适于相对于支撑底座提升和下降种植箱体的升降驱动组件。本实用新型的海绵城市雨水花园水湿生木本植物用水中种植结构可以针对不同水湿生木本植物的湿度需求来进行种植箱体在水体环境下置入深度的调整，以满足不同水湿生木本植物对于湿度的需求。

请您下载该专利技术方案并认真阅读，找出它的创意和创新点，想想自己有什么启发。模仿以上专利技术创新方法，自己在家制作一种"水中花园"。

第九节　清除双面胶胶痕

知识链接

双面胶是以纸、布、塑料薄膜、弹性体型压敏胶或树脂型压敏胶制成的卷状胶粘带。双面胶使用非常方便，所以应用非常广泛，但是使用过后撕下来时却通常留下难以清除的胶印。由于其吸附能力强又会吸附空气中的尘埃，导致撕下来的地方越来越黑，非常难看，又难以擦除，令人非常苦恼。

双面胶表面上涂有一层黏着剂。现在的双面胶一般是用丙烯酸酯聚合物在泡棉或棉纸表面涂附后制成的，广泛应用各种聚合物作为胶粘剂，由于本身的分子和欲连接物品的分子间形成键结，这种键结可以把分子牢牢地黏合在一起。以纸、布、塑料薄膜为基材，再把弹性体型压敏胶或树脂型压敏胶均匀地涂布在上述基材上制成的卷状胶粘带，是由基材、胶粘剂、隔离纸或者隔离膜三部分组成。

利用相似相溶原理，双面胶胶印这类有机高分子适合有机溶剂来进行祛除，家里能够找到哪些东西溶解它呢？大部分胶印可以用加热的方法来祛除，这类胶属于热塑性塑料。塑料按照加热可否软化重塑来分为热固性塑料与热塑性塑料。胶也有热固性胶粘剂和热塑性胶粘剂。热塑性胶常温状态下是呈固体状态的，只有通过加热，热塑性胶才能够融化成液体状态在被粘物表面顺利铺砖开来，形成有效的粘接。

热塑性胶粘剂在加热过程中并不会产生化学变化，而只是物质状态发生改变，变成液体状态，是一种物理变化，所以热塑性胶粘剂的特点是可逆，即再次加热后，还是会再次熔化。所以，一般情况下热塑性胶粘剂的耐高温性能有一定的限制。热固性胶粘剂在施胶时也需要进行加热，因为在一定温度条件下，热固性胶粘剂成分中的化学物质才会加快化学反应速度，快速从线性分子结构变为网状的交联结构。因为整个过程中会有化学反应，所以热固性胶粘剂常常也被叫作反应型胶粘剂。从线性分子结构变为交联网状的分子结构的过程是不可逆的，所以热固性胶粘剂的施胶过程也是不可逆的。热固性胶粘剂一般常温状态下是液体的，加热固化反应后成为固体状态，这个和热塑性胶粘剂正好相反。热固性胶粘剂的这种加热不可逆的性质使得它一般耐高温性能会比较好。

热塑性胶粘剂就是加热熔化，而热固性胶粘剂则是加热固化。日常常用的一般是热塑性胶粘剂，加热就会软化，所以可以用风筒来加热瓷碗上难撕开的标签；而玻璃、瓷砖上的胶粘剂通常用溶剂软化后来刮除。

项目任务

1. 清除碗碟等瓷器的标签胶。
2. 清除玻璃、瓷砖等残留的双面胶胶印。

探究活动

所需器材： 残留双面胶的瓷砖或玻璃，后面有标签胶的碗碟，护手霜 1 支，牙膏 1 支，电吹风一台，塑料三角板。

探究步骤

任务一　清除碗碟等瓷器的标签胶。

（1）准备一台电吹风，一个背后有标签胶的碗碟，如图 4.68 所示。

（2）电吹风风口距离标签胶 1cm 左右，调到最强热风档，加热 1 分钟，使标签胶变软，如图 4.69 所示。

（3）趁热用三角板将标签胶擦除，如图 4.70 所示。

图 4.68　电吹风，碗碟

图 4.69　吹热

图 4.70　趁热擦除

（4）用布擦干净，完成清除碗碟后面双面胶标签。

任务二　清除黑板、门、玻璃上的胶印

（1）使用护手霜涂在胶印上，如图 4.71 所示；或者使用牙膏涂在胶印上，如图 4.72 所示。

（2）用三角板或刮刀刮除胶印，如图 4.73 所示。

图 4.71　用护手霜涂胶印　　　　图 4.72　用牙膏涂胶印　　　图 4.73　用三角板或刮刀刮除胶印

（3）用布擦干净，完成清除胶印任务。清除胶印后的瓷砖如图 4.74 所示，清除胶印后的玻璃如图 4.75 所示。

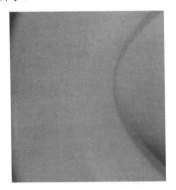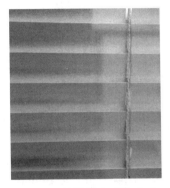

图 4.74　清除胶印后的瓷砖　　　　图 4.75　清除胶印后的玻璃

温馨提醒：不要用钢丝球擦除瓷砖上的双面胶，粗看效果不错，但细看上面会留下很多划痕。

想一想

1．为什么用这些乳液容易清除双面胶？

2．如果是口香糖粘在地板上，是否可以用类似的方法清除？

温馨提示

操作过程注意安全，玻璃伤人。

成果展示

清除了瓷砖或玻璃上残留的双面胶，说明你成功了。你也可以让身边的亲戚、朋友、老师、同学来分享你的成果，让更多的人一起来清除家中残留的双面胶，并拍成 DV 发到朋友圈让更多的人分享您的成果，分享劳动的快乐。

思维拓展

除了用本项目方法清除双面胶胶印，还可以用哪些方法进行清除？首先，可以采用湿毛巾擦拭，用湿毛巾铺在污渍上，浸湿有胶印的地方，然后再慢慢擦拭，但这种方法仅限于不怕粘湿的地方，如玻璃、瓷砖面。其次，用电吹风吹粘有双面胶的部位，把胶烤热就能很轻易地弄下来了。最后，将风油精涂擦在胶痕位置，过一会儿一擦即掉。

把玻璃和瓷砖上的双面胶印清除了，那么免钉胶、502 胶水、热熔胶有办法祛除吗？对于双面胶还有什么创新？其实，您还可以从工艺、设备、形状、祛除工艺、应用、材质等方面扩展创新思维形成您的创意，如图 4.76 所示为双面胶创新思维示意图。

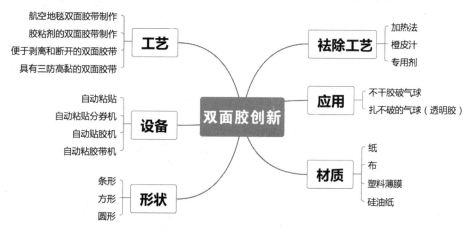

图 4.76　双面胶创新思维示意图

想创就创

苏州市职业大学的陈雪芳、赵经纬等人发明了一种双面胶清除器，其国家专利申请号：CN201721332538.8。

本实用新型公开了一种双面胶清除器，包括手柄、刀片。所述手柄一端设有一挂孔，另一端设有刀架；所述刀架上两侧分别设有凹槽；所述刀片分为普通刀片和锯齿刀片；所述普通刀片和锯齿刀片分别固定在手柄顶端刀架的两个凹槽内；所述普通刀片和锯齿刀片平行放置。本实用新型使用时通过普通刀片和锯齿刀片的配合使用，实现对不同双面胶的清除，使用方便，对双面胶清除力度大。

请您下载该专利技术方案并认真阅读，找出它的创意和创新点，想想自己有什么启发。模仿以上专利技术创新方法，自己在家创新一种 502 胶水清除方法。

第十节　自制环保酵素催化剂

知识链接

环保酵素又称垃圾酵素，是酵素的一种，是对混合了糖和水的厨余（鲜垃圾）经厌氧发酵后产生的棕色液体，它具有净化下水道、净化空气等很好的环保效果。

酵素实际上是酶的旧译。酶是具有生物催化功能的生物大分子，即生物催化剂，它能够加快生化反应的速度，但是不改变反应的方向和产物。也就是说，酶能用于加速各类生化反应的速度，但并不是生化反应本身。酵素的生产过程并不使用任何化学合成物质，在酿制过程能统一混合体系，互相促进，共同构成一个复杂而稳定的具有多元功能的酵素生态系统，可抑制有害微生物，尤其是病原菌和腐败细菌的活动。

家庭制作酵素的过程是一个沼气化过程（产生温室气体：甲烷和二氧化碳）。而环保组织者认为环保酵素会产生臭氧，其过程是原材料从淀粉和糖转化成酸性物质乙酸（CH_3COOH），溶于水后解体，并分解成淀粉、脂肪、蛋白质的醋酸基。分解得到的臭氧有杀菌的功能，能减少空气中的废气，也能帮助增加空气中的含氧量，有利于减缓地球暖化。

环保酵素简单易做，被广泛应用在家居、农业或养殖业等领域。在南太平洋群岛，几乎每个家庭都制作使用酵素，在日本、中国台湾等环保推行的比较好的地方也普遍可见。环保酵素在我国主要是民间团体在推行。

环保酵素在家庭生活方面的主要用途有：① 减少垃圾、废气：丢弃的厨余会释放甲烷废气，比二氧化碳导致地球暖化的程度高 21 倍。② 省钱：变厨余和鲜垃圾为环保清洁剂，节省家庭开销。③ 生活好帮手：可用作有机肥料。④ 宠物保养：能去除宠物身上的味道，减少寄生虫生长。⑤ 防水管堵塞：可疏通马桶或水槽，防止阻塞及净化粪池。

项目任务

1. 了解环保酵素的简单制作过程。
2. 了解环保酵素的生活用途。
3. 提高垃圾资源化的觉悟和能力。

探究活动

所需器材：厨房里产生的各种蔬果叶皮 300g 左右，一个菜篮，一个 4.5L 的塑料瓶，红糖粉约 100g，自来水约 1000g，砧板，菜刀或剪刀，勺子，标签贴纸，一支黑色签字笔，一个小型过滤袋，一个塑料大圆盘。

探究步骤

（1）收集一些新鲜的蔬菜叶瓜果皮类，如图 4.77 所示；洗干净切成小块，如图 4.78 所示；将约 300g 碎物装进一个 4.5L 的塑料瓶中，如图 4.79 所示。

图 4.77　收集　　　　　　　图 4.78　切碎　　　　　　　图 4.79　装瓶

（2）往装有蔬菜瓜果皮碎物的瓶中倒入约 100g 的红糖，如图 4.80 所示；然后往瓶中加入糖，如图 4.81 所示。

（3）往瓶中倒入约 1000g 自来水，盖好瓶盖，将糖水和果皮摇匀后静置，如图 4.82 所示。

图 4.80　加红糖

图 4.81　加糖

图 4.82　加水摇匀

（4）在瓶子上贴上制作日期，如图 4.83 所示；每间隔 12 小时打开瓶盖放气，如图 4.84 所示；一个月后基本没气体排放后，置阴凉处再放两个月，过程中隔几天打开盖子放一次气即可。这样三个月就大致发酵成功（至少要三个月，越久越好，酵素是不会过期的，如果是冬天，这个时间还要更长些）。

（5）三个月或更长的时间后，打开塑料瓶塞，拿出一个小号过滤袋，如图 4.85 所示；将过滤袋口绑紧在瓶口上，如图 4.86 所示；用倾倒法将棕色液体透过过滤袋流到塑料大圆盘上，如图 4.87 所示，实现液渣分离。大圆盘中所得到的棕色溶液含有大量环保酵素，如图 4.88 所示，这时就可以直接使用了。

图 4.83　贴日期标签

图 4.84　放气

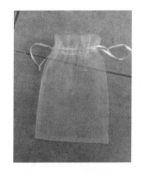
图 4.85　小过滤袋

图 4.86　口对口绑紧

图 4.87　倾倒过滤

图 4.88　棕色溶液

想一想

1. 什么要预先将蔬果叶皮切小？红糖的作用是什么？
2. 猜测一下排出的气体以什么成分为主。
3. 分析一下这样制作出来的酵素溶液的酸碱性。

温馨提示

1. 小心使用刀具。
2. 制作过程切记要按时放气，以防爆喷伤人。

成果展示

　　发酵了 21 天的环保酵素，如图 4.89 所示，基本没有什么气体释放了。液体逐渐变成红褐色透明，打开盖子闻一下，一股清香的味道扑鼻而来。发酵了 3 个半月的环保酵素如图 4.90 所示，溶液颜色变成棕色，扇闻散发出来的气味，可以闻到令人舒服的清香味道。过滤出棕色溶液后，瓶中的淤泥营养丰富，可以拿来种花，棕色溶液用来冲洗下水道，如图 4.91 所示，去除异味效果理想。此时，您可以让身边的亲戚、朋友来试用，分享您的成果，也可以拍成 DV 发到朋友圈，让更多的人分享这一成果。

图 4.89　发酵 21 天后　　　　图 4.90　发酵 3 个半月后　　　　图 4.91　冲洗下水道

思维拓展

　　处理生活有机垃圾的另一种方法是在垃圾分类中以厨余垃圾方式收集，集中到专门工厂进行处理。在发酵过程中通过发酵参数的优化，提高能源回收率，并且规模化收集甲烷、氢气，进行有效率的工业化联产，降低 COD 产生率，达到能源再利用的更高效率。

　　环保酵素还有哪些方面的创新？其实，您还可以从工艺、装置、品种、拓展、功能、应用等方面扩展创新思维形成您的创意，如图 4.92 所示为环保酵素制作创新思维示意图。

想创就创

　　镇江市水木年华现代农业科技有限公司的汪月霞发明了一种环保酵素的制备方法，其国家专利申请号：CN201811133064.3。

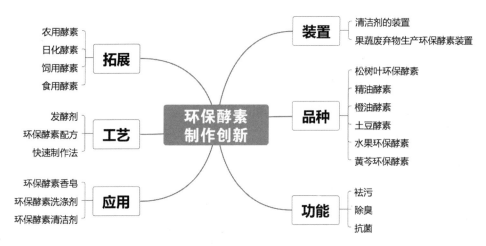

图 4.92　环保酵素制作创新思维示意图

本发明公开了一种环保酵素的制备方法：取茶树废弃物、黑糖和水，放置到密闭发酵容器中搅拌均匀后密封并在瓶子上标示日期；发酵的第一个月每天将容器口稍微打开泄放气体，避免发酵容器被撑破并定期把浮在液面上的茶树废弃物按下去，使它浸泡在液体中；将发酵容器放在空气流通和阴凉处，避免阳光直射，发酵 3～6 个月。本发明不仅能促进茶树废弃物的有效利用，还能够保护环境，节约资源。

请您下载该专利技术方案并认真阅读，找出它的创意和创新点，想想自己有什么启发。模仿以上专利技术创新方法，请大家创造一种环保酵素及其使用方法。

本章学习与评价

一、选择题

1. 金属及其化合物在工农业和医药生产中应用广泛，下列关于金属及其化合物性质的说法正确的是（　　）。

　　A．铝热反应可用于冶炼金属性比铝强、熔点较高的金属单质

　　B．"炉火照天地，红星乱紫烟"描述的是碘升华时的颜色变化

　　C．镁燃烧会发出耀眼的白光，可用于制造信号弹和焰火

　　D．硫酸铜常用作防止藻类生长的除藻剂，硫酸铜溶液也常用作蔬菜的保鲜剂

2. 下列说法错误的是（　　）。

　　A．"钻石恒久远，一颗永流传"这句广告词被《广告时代》评为 20 世纪的经典广告之一，该广告词能体现的钻石的性质是硬度大

　　B．"只要功夫深，铁杵磨成针。"这句话不涉及化学变化

　　C．《本草经集注》记载"强烧之，紫青烟起，乃真硝石也"，此法是利用焰色反应鉴别"硝石"

　　D．铁与氧气燃烧火星四射，放出大量的热量，燃烧产物是黑色的 Fe_3O_4

3. "人间巧艺夺天工，炼药燃灯清昼同。柳絮飞残铺地白，桃花落尽满阶红。"本诗作者是宋末元初大书法家、诗人赵孟𫖯。诗中描写了烟花燃放时如桃红、柳絮飘扬，似流星滑落

夜空的绚丽景象。下列关于烟花燃放过程中的化学知识的说法错误的是（　　）。

  A．烟花燃烧过程是物理变化

  B．烟花燃放产生的五颜六色的光是金属的焰色试验

  C．烟花燃放过程涉及氧化还原反应

  D．燃放烟花需要远离可燃物，以防发生火灾

4．警方提取犯罪嫌疑人指纹是破获案件的重要方法，其原理是：人的手上有汗渍，用手摸过白纸后，指纹就留在纸上。将溶液①涂在纸上，溶液①中的溶质与汗渍中的物质②反应生成物质③，物质③在光照下分解出褐色颗粒，最后变成黑色的指纹线。用下列化学式表示①②③这三种物质都正确的是（　　）。

  A．$NaCl$、$AgNO_3$、$AgCl$ B．$AgNO_3$、$NaCl$、$AgCl$

  C．$AgCl$、$NaCl$、$AgNO_3$ D．$NaCl$、$AgCl$、$AgNO_3$

5．碘具有升华的性质，利用该性质可进行指纹鉴定，因为（　　）。

  A．汗液中有 $AgNO_3$，可以与碘生成黄色沉淀

  B．汗液中有 $NaCl$，可以与碘发生化学反应，有颜色变化

  C．根据相似相溶原理，碘易溶于皮肤分泌出的油脂中，有颜色变化

  D．根据相似相溶原理，碘与汗液中的淀粉有颜色变化

6．在泡泡水的制作项目学习中，您学习了关于泡泡水的科学认识，以下说法错误的是（　　）。

  A．烷基磺酸钠和脂肪醇醚硫酸钠都是阴离子表面活性剂

  B．甘油具有保湿作用，可以延缓泡泡中水分的蒸发

  C．增稠剂瓜尔胶为大分子天然亲水胶体，属于天然半乳甘露聚糖

  D．使用洗洁精兑入大量的水就可以吹得特大特稳定的泡泡

7．"水中花园"利用了部分盐与硅酸钠溶液发生离子反应得到各种颜色的絮状物，以下颜色判断错误的是（　　）。

  A．$CuCl_2$（蓝绿色）   B．$MnCl_2$（粉红色）

  C．$CoCl_2$（紫红色)   D．$FeCl_3$（绿色）

8．现实生活中遇到火情，要用合适的方法进行灭火，以下说法错误的是（　　）。

  A．金属失火要用干燥的沙土灭火

  B．面粉是食用的淀粉，不会有爆炸燃烧的可能

  C．电器等失火不可以用水来灭火

  D．汽油失火不可以用水来灭火

9．双面胶的胶粘剂一般是丙烯酸酯聚合物，用途广泛但也很容易造成残留，以下说法错误的是（　　）。

  A．双面胶残留可以用有机溶剂来进行祛除

  B．双面胶的胶粘剂是有机高分子化合物

  C．双面胶的胶粘剂属于热固性胶粘剂

  D．双面胶的胶粘剂可以用电吹风加热祛除

二、填空题

1．市场上有一种加酶洗衣粉，即在洗衣粉中加入少量的碱性蛋白酶。它的催化活性很强，

衣服的汗渍、血液及人体排放的蛋白质油渍遇到它，皆能水解除去。蛋白酶属于_____（高分子或小分子），下列衣料中不能用加酶洗衣粉洗涤的是_____。

① 棉织品　② 毛织品　③ 腈纶织品　④ 蚕丝织品　⑤ 涤纶织品　⑥ 锦纶织品

2．用氧化物的形式表示硅酸盐的组成，如钙沸石（$CaAl_2Si_3O_{10} \cdot 3H_2O$）表示为 $Al_2O_3 \cdot CaO \cdot 3SiO_2 \cdot 3H_2O$。请模仿填写以下硅酸盐的氧化物形式：镁橄榄石（$Mg_2SiO_4$）表示为_____，钾云母（$K_2Al_6Si_6H_4O_{24}$）表示为_____，滑石（$Mg_3H_2Si_4O_{12}$）表示为_____。

3．烟花爆竹常常在重大节日庆典中燃放。烟花的主要成分可以分成氧化剂、还原剂、发色剂、胶粘剂等。

（1）爆竹的主要成分是黑火药，含有硝酸钾、硫黄和木炭。生成物中有一种单质，该单质分子的电子式是_____。

（2）用高氯酸钾代替硝酸钾，用糖类代替木炭和硫黄，可避免硫化钾、二氧化硫等有害物质的排放。请写出高氯酸钾（$KClO_4$）与葡萄糖（$C_6H_{12}O_6$）反应的化学方程式：_____。

（3）烟花中的发光剂可用短周期金属的粉末，其燃烧时会发出白炽的强光。写出该金属的化学符号：_____。

（4）烟花中还含有发色剂，利用焰色反应可使烟花放出五彩缤纷的色彩。焰色反应的原理是_____。

4．A、B、C、D、E 五种物质的焰色试验都呈黄色，A、B 与水反应都有气体放出，A 与水反应放出的气体具有还原性，同时都生成 C，C 与适量的 CO_2 反应生成 D，D 溶液与过量的 CO_2 反应生成 E，E 加热能变成 D。

（1）写出 A～E 的化学式：

A_____；B_____；C_____；D_____；E_____。

（2）E 加热生成 D 的化学方程式为_____。

（3）写出 C 溶液和 CO_2 反应生成 D 的离子方程式：_____。

5．下图是 A、B、C、D、E、F 几种常见有机物之间的转化关系图：

A —充分水解→ B —发酵→ C —氧化→ D —氧化→ E —酯化→ F

A 是面粉中的主要成分，B 是 A 的最终水解产物，C 与 E 反应可生成 F，D 能与新制的氢氧化铜悬浊液反应产生红色沉淀。

根据以上信息完成下列各题。

（1）B 的化学式为_____；E 的结构简式为_____，所含官能团的名称为_____。

（2）C 和 E 在浓硫酸加热下反应的化学方程式为_____，反应类型为_____。

（3）E 与小苏打溶液反应的化学方程式为_____。

（4）在医院，医生往往会用新制的＿＿＿＿＿＿＿＿＿＿＿＿＿＿＿＿＿＿＿（化学式）悬浊液来检验该病人是否得糖尿病，若患者得此病，则检验样品中会有砖红色的沉淀生成。

三、实验题

1．有两包白色粉末，只知分别是 K_2CO_3 和 $NaHCO_3$，请你写出鉴别方法（两种）。

2．某同学对"铝热反应"的现象有这样的描述："反应放出大量的热，并发出耀眼的光芒。""纸漏斗的下部被烧穿，有熔融物落入沙中。"由化学手册查阅得知有关物质的熔、沸点数据如表 4.1 所示。

表 4.1　物质的熔、沸点数据

物质	Al	Al_2O_3	Fe	Fe_2O_3
熔点/℃	660	2054	1535	1460
沸点/℃	2467	2980	2750	

（1）该同学推测，铝热反应所得到的熔融物应是铁铝合金。理由是该反应放出的热量使铁熔化，而铝的熔点比铁的低，此时液态的铁和铝熔合成铁铝合金。你认为他的解释是否合理？＿＿＿＿＿＿＿＿＿＿（填"合理"或"不合理"）。

（2）设计一个简单的实验方案，证明上述所得的块状熔融物中含有金属铝。该实验所用试剂是＿＿＿＿＿＿＿＿＿＿＿＿＿＿，反应的离子方程式为＿＿＿＿＿＿＿＿＿＿＿＿＿＿＿＿＿＿＿。

（3）另一同学推测铝热反应得到的熔融物中还含有 Fe_2O_3，他设计了如下方案来验证：取一块该熔融物冷却后投入少量稀硫酸中，向反应后的混合液中滴加物质甲的溶液，观察到溶液颜色未变红，证明该熔融物中不含有 Fe_2O_3，则物质甲是＿＿＿＿＿＿＿＿＿＿（填化学式）。该同学的实验方案是否合理？＿＿＿＿＿＿＿＿＿＿（填"合理"或"不合理"）。理由：＿＿＿＿＿＿＿＿
＿＿＿＿＿＿＿＿＿＿＿＿＿＿＿＿＿＿＿＿＿＿＿＿＿＿＿。

第五章 魔 术 化 学

导言

　　魔术是一门本质在不断变化的行为艺术，让人意想不到，给观众带来惊喜。它以科学原理为基础，利用特制道具，智能合成视觉传达、心理学、化学、数学、物理、刑侦、表演等各个科学领域的高智能表演艺术。他们通过利用人们好奇心和求知心理的特点，创造出各种不可思议、难以预料的现象，从而达到虚实结合的艺术效果。

　　本章通过牛奶分层魔术、神奇的碘钟魔术、碘伏"大变脸"魔术、"神水"变色析银魔术、大象牙膏魔术、导电灰烬魔术、"神水"显字魔术、橙皮汁破气球魔术、维生素 C 茶水变色魔术，让创客参与其中，亲身体验化学魔术的神奇，点燃创客对化学的热情，让创客像科学家那样去探索生命活动中各种神秘的现象，提升自己的化学科学与实践创新素养。

本章主要知识点

➢ 牛奶分层魔术

➢ 神奇的碘钟魔术

➢ 碘伏"大变脸"魔术

➢ "神水"变色析银魔术

➢ "大象牙膏"魔术

➢ 导电灰烬魔术

➢ "神水"显字魔术

➢ 橙皮汁破气球魔术

➢ 维生素 C 茶水变色魔术

第一节　牛奶分层魔术

知识链接

　　胶体是指分散质的直径在 1～100nm 的分散系，是一种混合物。当一束直射光穿过这种混合物时，会产生一条"光路"，我们称这种现象为"丁达尔效应"，是胶体特有的现象。胶体还可以发生聚沉现象，如长江三角洲、珠江三角洲地带就是胶体聚沉的结果。日常生活中有很多胶体，如玻璃、空气、豆浆和牛奶等。牛奶主要含有水、蛋白质、脂肪、碳水化合物，其中蛋白质属于高分子化合物，微粒直径介于 1～100nm，故牛奶属于胶体。可乐是一款大众喜爱的饮料，其中含有色素——焦糖色和咖啡因，使它具有独特的味道，检测发现不具有胶体的一般特性。

　　不同的胶体都有一定的吸附能力，可以将悬浮在溶液里的尘埃或色素聚沉，达到净化溶液的作用。牛奶具有胶体的性质，可以使可乐中的色素聚沉，但两者混合的量不同、混合顺序不同以及聚沉的时间不同都会产生不一样的现象。我们一起来操作并体会一下采用"控制变量法"的实验策略，看看不同量的牛奶遇上不同量的可乐会发生什么奇怪的事情。

明矾是一种净水剂，它的净水原理是：溶于水中的铝离子水解生成氢氧化铝胶体，胶体吸附水中的杂质、漂浮物、色素等从而聚沉，经过过滤得到干净的水。

项目任务

1．了解胶体具有的特性，了解牛奶与可乐的主要物理特性。
2．了解牛奶与可乐以不同方式混合会产生不同的现象，并分析原因。

探究活动

所需器材：1 盒 250mL 的纯牛奶，1 瓶可口可乐，4 个带刻度的烧杯，手机计时器。
探究步骤
（1）取 4 个小烧杯，从左到右排列，分别标号 A、B、C、D，在 A 杯中倒入 30mL 纯牛奶，在 B 杯中倒入 30mL 可乐，在 C 杯中倒入 30mL 纯牛奶，在 D 杯中倒入 30mL 可乐，如图 5.1 所示；接着，将 A 杯牛奶一次性倒入 B 杯可乐中，将 D 杯可乐一次性倒入 C 杯牛奶中，如图 5.2 所示；观察发现 B 杯和 C 杯中均发生聚沉现象，1 小时后再观察，两个杯中都没有出现明显的分层现象，如图 5.3 所示。

图 5.1 取牛奶和可乐（1）

图 5.2 牛奶、可乐混合（1）

图 5.3 混合 1 小时后（1）

（2）取 4 个小烧杯，从左到右排列，分别标号 A、B、C、D，在 A 杯中倒入 20mL 纯牛奶，在 B 杯中倒入 40mL 可乐，在 C 杯中倒入 20mL 纯牛奶，在 D 杯中倒入 40mL 可乐，如图 5.4 所示；接着，将 A 杯牛奶一次性倒入 B 杯可乐中，将 D 杯可乐一次性倒入 C 杯牛奶中，如图 5.5 所示；观察发现 B 杯和 C 杯中均发生聚沉现象，1 小时后再观察，B 杯中有明显分层，但上层溶液部分颜色较深，液面上漂着一层油污；C 杯中有分层，下层的聚沉物比较松散，占体系 1/2 以上，溶液部分颜色较浅，液面上漂着一层油污，如图 5.6 所示。

图 5.4 取牛奶和可乐（2）

图 5.5 牛奶、可乐混合（2）

图 5.6 混合 1 小时后（2）

（3）取 4 个小烧杯，从左到右排列，分别标号 A、B、C、D，在 A 杯中倒入 10mL 纯牛奶，在 B 杯中倒入 50mL 可乐，在 C 杯中倒入 10mL 纯牛奶，在 D 杯中倒入 50mL 可乐，如图 5.7 所示；接着，将 A 杯牛奶一次性倒入 B 杯可乐中，将 D 杯可乐一次性倒入 C 杯牛奶中，如图 5.8 所示；观察发现 B 杯和 C 杯中均发生明显聚沉现象，1 小时后再观察，B 杯中有明显分层，聚沉物下降到烧杯底部，溶液部分颜色较浅，液面上漂着少量油污；C 杯中有分层，聚沉物比较松散，溶液部分颜色较浅，液面上漂着少量油污，如图 5.9 所示。

图 5.7　取牛奶和可乐（3）　　图 5.8　牛奶、可乐混合（3）　　图 5.9　混合 1 小时后（3）

（4）取 4 个小烧杯，从左到右排列，分别标号 A、B、C、D，在 A 杯中倒入 5mL 纯牛奶，在 B 杯中倒入 55mL 可乐，在 C 杯中倒入 5mL 纯牛奶，在 D 杯中倒入 55mL 可乐，如图 5.10 所示；接着，将 A 杯牛奶一次性倒入 B 杯可乐中，将 D 杯可乐一次性倒入 C 杯牛奶中，如图 5.11 所示；观察发现 B 杯和 C 杯中均发生明显聚沉现象，1 小时后再观察，B 杯中有明显分层，聚沉物下降到烧杯底部，溶液部分颜色非常浅，液面上漂着些许油污；C 杯中有分层，聚沉物下降到烧杯底部，溶液部分颜色非常浅，液面上漂着些许油污，如图 5.12 所示。

图 5.10　取牛奶和可乐（4）　　图 5.11　牛奶、可乐混合（4）　　图 5.12　混合 1 小时后（4）

（5）记录探究活动的信息、现象，如表 5.1 所示。

表 5.1　牛奶与可乐反应分层表

	操　　作	A 纯牛奶/mL	B 可乐/mL	时间 1 小时后现象
1	牛奶倒入可乐	30	30	有聚沉，但没有明显分层
	可乐倒入牛奶	30	30	有聚沉，但没有明显分层
2	牛奶倒入可乐	20	40	有聚沉，有明显分层，但溶液部分颜色较深，液面上漂着一层油污
	可乐倒入牛奶	20	40	有聚沉，聚沉物比较松散，占体系 1/2 以上，溶液部分颜色较深，液面上漂着一层油污

续表

	操　作	A 纯牛奶/mL	B 可乐/mL	时间 1 小时后现象
3	牛奶倒入可乐	10	50	有聚沉，聚沉物下降到烧杯底部，溶液部分颜色较浅，液面上漂着少量油污
	可乐倒入牛奶	10	50	有聚沉，但聚沉物比较松散，溶液部分颜色较浅，液面上漂着少量油污
4	牛奶倒入可乐	5	55	有聚沉，聚沉物下降到烧杯底部，溶液部分颜色非常浅，液面上漂着些许油污
	可乐倒入牛奶	5	55	有聚沉，聚沉物下降到烧杯底部，溶液部分颜色非常浅，液面上漂着些许油污

（6）对比数据和分析现象，可以得到：牛奶可以吸附可乐中的色素，使之聚沉；牛奶和可乐的混合比例不同，聚沉现象有所不同；牛奶倒入可乐中聚沉分层时间比可乐倒入牛奶中的聚沉分层时间短；牛奶占的比例少，吸附聚沉效果相对好点，牛奶与可乐体积比 1∶11 效果最明显。

想一想

1．结合牛奶和可乐的成分、状态，思考塑料杯底部的沉淀颜色来源何物质。

2．品尝一下变清的上层液体，可乐的味道有没有改变？

3．日常生活中遇到的胶体如洗米水、糨糊、豆浆，可否用它们代替牛奶？现象会有什么不同？

温馨提示

严禁食用做完魔术后的牛奶和可乐混合液。

成果展示

当牛奶与可乐体积比例为 1∶11 时，不管混合顺序如何，最后色素聚沉效果都很好，如图 5.13 所示。通过 4 组牛奶与可乐不同比例混合的活动探究，实现分层现象，添加场景氛围，可完成牛奶分层魔术。此时，您可以让身边的亲戚、朋友来试做分层魔术，分享您的成果，也可以拍成 DV 发到朋友圈，让更多的人分享这一成果。

图 5.13　牛奶和可乐按 1∶11 比例混合 1 小时后的俯视图

思维拓展

该魔术的主角是牛奶胶体，可通过胶体的相关知识进行创新，魔术中的牛奶是否可以被替代呢？牛奶胶体除了在分层魔术中应用，还可以做哪些方面的创新？其实，您还可以从检测、工艺、品种、应用等方面扩展创新思维形成您的创意，如图 5.14 所示为牛奶胶体的创新思维示意图。

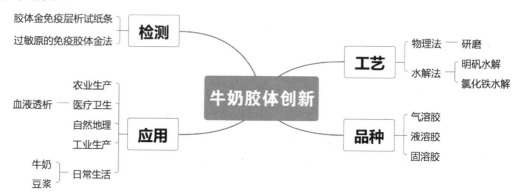

图 5.14　牛奶胶体的创新思维示意图

想创就创

内蒙古蒙牛乳业（集团）股份有限公司的刘云鹏、王安平、刘卫星等人发明了一种透明包装分层果酱酸牛奶的制备方法，其国家专利申请号：CN200910260320.X。

本发明涉及一种透明包装分层果酱酸牛奶及其制备方法，属于乳品的技术领域。新鲜脱脂牛奶或复原脱脂奶配以稳定剂、白砂糖、甜味剂、乳清蛋白等化料后均质、杀菌，再加入嗜酸乳杆菌、德氏乳杆菌保加利亚亚种、嗜热链球菌发酵打冷后二次灌装得到一种新奇、营养价值高的分层果酱酸牛奶制品，产品使用内容物可视的透明包装材料，果酱层分布在酸奶的上层或下层。

请您下载该专利技术方案并认真阅读，找出它的创意和创新点，想想自己有什么启发。模仿以上专利技术创新方法，自己在家制作一种分层魔术。

第二节　神奇的碘钟魔术

知识链接

碘钟反应是一种化学振荡反应，其体现了化学动力学的原理。它于 1886 年被瑞士化学家 Hans Heinrich Landolt 发现。在碘钟反应中，两种（或三种）无色的液体被混合在一起，并在几秒钟后变成蓝墨色。碘酸根被硫代硫酸钠还原是一个很吸引人的反应，常常被用来作为说明反应速率的实验典范。如事先同时加入少量硫代硫酸钠标准溶液和淀粉指示剂，则产生的碘便很快被还原为碘离子，直到硫代硫酸根离子消耗完，游离碘遇上淀粉即显示蓝色。从反应开始到蓝色出现所经历的时间，即可作为反应初速的计量。由于这一反应能自身显示反应进程，故常称为"碘钟"反应。碘钟按照氧化剂不同来分类，主要有过氧化氢型碘钟、碘酸盐型碘钟、过硫酸盐型碘钟、氯酸盐型碘钟。碘钟按照能否重复颜色变化来分类，主要有单向型、振荡型。碘钟的反应机理十分复杂，以下反应机理是一个简化历程：

$$A+\cdots\cdots\rightarrow I_2+ （1）慢反应，决速步骤$$
$$B+I_2\rightarrow\cdots\cdots （2）快反应，瞬间完成$$

碘钟反应发生的必要条件是 $c(A_0)>c(B_0)$。决速步骤中生成的 I_2 在快反应中被物质 B 及时消耗，保持溶液中的 $c(I_2)\approx0$。当物质 B 反应完毕时，溶液中的 $c(I_2)$ 增大，与淀粉发生反应，出现蓝墨色。决速步骤快慢和 $n(B)$ 的大小决定了溶液变色前等待时间的长短。决速步骤越慢，$n(B)$ 越大，等待颜色突变的时间越长。

脉动碘钟是过氧化氢型碘钟。脉动饮料富含维生素 C 且基本无色，橙汁和维生素 C 泡腾片均富含维生素 C，但是显黄色，有颜色干扰，故碘钟魔术选择干扰性小的来进行魔术。脉动碘钟的机理可能为：过氧化氢消毒液+$\cdots\cdots\rightarrow$碘单质+

（1）慢反应，决速步骤
碘单质+脉动饮料$\rightarrow\cdots\cdots$
（2）快反应，瞬间完成
碘单质+淀粉$\rightarrow$溶液变蓝
（3）快反应，瞬间完成

当脉动饮料消耗完毕时，慢反应生成的碘单质使淀粉变蓝，溶液呈现蓝墨色。溶液颜色由无色变为蓝墨色的时间称为变色期，如图 5.15 所示。变色期越短，看到的颜色变化过程越短，变色越快，给观众的视觉冲击越大，魔术效果越震撼。10 秒左右的等待期效果较好。等待期太短，溶液刚混合就出现颜色变化，与一般的化学实验现象无异，不足以产生趣味性；等待期太长，观众的注意力就会分散，容易错过对变色点的观察。

图 5.15　脉动碘钟颜色变化过程

项目任务

配制混合液试剂，借用"魔法棒"达到魔术变化效果。

探究活动

所需器材：2%碘酊，过氧化氢消毒液（过氧化氢含量为 34.00～44.00g/L），维生素 C 药片或脉动维生素饮料（维生素 C 含量≥20%），白醋（总酸含量≥4.00g/L），淀粉，针筒或其他有刻度的量器，100mL 烧杯 3 个，一次性筷子 1 根，电子秤 1 个，如图 5.16 所示。

图 5.16　药品和仪器

探究步骤

（1）配制 A 溶液：取 1mL 碘酊，放在烧杯中，如图 5.17 所示，加入脉动饮料（约 60mL），至溶液颜色恰好褪为无色，碘酊与脉动饮料的体积比大约为 1：60，如图 5.18 所示。

（2）配制 B 溶液：取 A 溶液 25mL 与 5mL 脉动饮料均匀混合，如图 5.19 所示。

图 5.17　取碘酊　　　　　图 5.18　加入脉动饮料至褪色　　　　图 5.19　配制 B 溶液

（3）配制 C 溶液：取 40mL 过氧化氢消毒液与 20mL 白醋混合（过氧化氢消毒液与白醋按照体积比 2：1 均匀混合），如图 5.20 所示；然后加入 0.5g 淀粉，如图 5.21 所示。

（4）魔术表演：在一个透明的容器中倒入 B 溶液 30mL，再量取 40mL C 溶液，将 C 溶液缓缓倒入容器中，第 9 秒时刚好全部倒完，此时，容器中的无色混合溶液瞬间变成蓝墨色，如图 5.22 所示。

图 5.20　取过氧化氢消毒液与白醋混合　　　图 5.21　C 溶液　　　图 5.22　将 C 溶液加入 B 溶液后变色

想一想

1. 维生素 C 饮料换一换口味得到的效果是否一样？
2. 维生素 C 浓度变化会导致什么结果？

温馨提示

不要随意倒掉用剩的碘酊。

成果展示

　　准备好 B 溶液和 C 溶液各一份之后，表演时混合 B、C 两种溶液，让观众观察颜色变化；同时表演者再创设某场景吸引观众注意力，让观众等待结果。在等待期快结束时，将观众注意力引导到混合溶液中，如通过用"魔法棒"（道具）在混合溶液的容器上端轻轻一点，这时溶液恰好在刹那间变色，从而产生一种出其不意的惊人效果。您表演的小魔术如果能够引起周围亲戚、朋友或同学的兴趣，说明您成功了。此时，您也可以让身边的亲朋好友来体验该魔术过程，分享您的成果，并拍成 DV 发到朋友圈，让更多的人分享这一成果。

思维拓展

碘钟魔术通过碘钟的单向时钟或双向时钟发生颜色变化，让观众感觉惊人效果。当溶液混合后，反应液由无色变为蓝墨色，几秒后褪为无色，接着又从琥珀色逐渐加深，蓝墨色又反复出现，几秒后又消失，这样周而复始地呈周期性变化。碘钟魔术还可以从以下角度进行微改进：由单杯变化到双杯变化——取 C 溶液 40mL 与 B 溶液 30mL 先混合均匀，再将混合溶液倒入另外一个空容器中，10 秒左右均变色。除此之外，还可以从哪些方面进行创新？其实，您还可以从条件、原料、来源、拓展、品种等方面扩展创新思维形成您的创意，如图 5.23 所示为碘钟创新思维示意图。

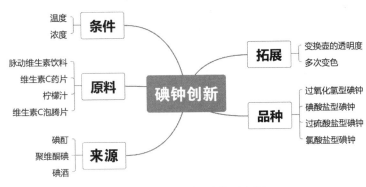

图 5.23　碘钟创新思维示意图

想创就创

大连理工大学的黄泽彬、刘箐勃、崔凤路、王宇然、张欣宇、刘轩渤、周一唱等人发明了一种基于维生素 C 碘钟反应的智能小车，其国家专利申请号：CN201922178879.X。

本实用新型属于化学与智能控制领域，涉及一种基于维生素 C 碘钟反应的智能小车，包括车体、动力模块、控制模块、电源模块和电源优化模块。控制模块利用激光对射传感器将维生素 C 碘钟反应的颜色变化转化为激光对射传感器的电信号，进而控制继电器对小车起停进行控制；动力模块通过电机带动传动装置使小车运动；电源模块通过锌空电池为电机供电；电源优化模块通过机械结构对电源模块进行了优化，提高了电池的效率和寿命。本实用新型将维生素 C 碘钟反应与智能小车起停控制结合，提供利用维生素 C 碘钟反应控制智能小车的完整方案，其控制方法较为简单易行，操作简单，并通过机械结构优化锌空电池散热和内部电解质变质的问题，提高锌空电池的效率和使用寿命。

请您下载该专利技术方案并认真阅读，找出它的创意和创新点，想想自己有什么启发。模仿以上专利技术创新方法，自己在家制作碘钟反应自动控制小车。

第三节　碘伏"大变脸"魔术

知识链接

碘酊又称碘酒，通常指由 2%～7%的碘单质与碘化钾或碘化钠溶于酒精和水的混合溶液构成的消毒液，其中碘化钾有助于碘在酒精中的溶解。碘伏是单质碘与聚乙烯吡咯烷酮的不定型结合物，聚乙烯吡咯烷酮可溶解分散 9%～12% 的碘，此时呈现紫黑色液体。碘伏具有广谱杀菌作用，可杀灭细菌繁殖体、真菌、原虫和部分病毒。碘伏在医疗上用作杀菌消毒剂，可用于皮肤、黏膜的消毒等，也可用于手术前和其他皮肤的消毒、各种注射部位皮肤消毒、器械浸泡消毒等。

碘单质是紫色固体，易溶于乙醇，所得溶液色泽随浓度增加而变深，一般碘伏的含碘单质为 2%～7%。变脸原理：火柴头里含有硫黄、氯酸钾等；划燃火柴后会产生少量二氧化硫气体；碘酒中的碘单质与二氧化硫反应，生成无色的氢碘酸，于是啤酒色褪色，发生反应的方程式：$I_2+SO_2+2H_2O=H_2SO_4+2HI$。氢碘酸遇到双氧水后被氧化而生成碘单质，于是溶液又变回啤酒色，此时的化学反应的方程式：$2HI+H_2O_2=I_2+2H_2O$。面包屑或饼干屑或苹果片等中含有淀粉，碘单质遇淀粉变蓝，故溶液变蓝。单质碘遇到氢氧化钠发生反应：$3I_2+6NaOH=NaIO_3+5NaI+3H_2O$。单质碘遇到维生素 C，维生素 C 具有还原性，将碘单质还原成碘离子，溶液变无色。

项目任务

了解碘伏成分，了解碘单质的氧化性和特性。

探究活动

所需器材：碘伏，火柴，双氧水，维生素 C，面包屑或饼干屑或苹果片，稀硫酸，氢氧化钠溶液，广口瓶，玻璃片，量筒，胶头滴管，如图 5.24 所示。

图 5.24　活动材料

探究步骤

（1）在广口瓶中加入 10mL 水，再滴加 8 滴碘伏，如图 5.25 所示；无色的水变成啤酒色，如图 5.26 所示。

（2）取几根火柴，把火柴头靠在一起，划燃后迅速把火柴插入广口瓶内，如图 5.27 所示；等火柴头在瓶内的液面上燃尽后取出火柴杆，盖上玻璃片，振荡瓶内溶液，片刻后，啤酒色变成无色透明，如图 5.28 所示。

（3）继续向广口瓶内加入少量双氧水，如图 5.29 所示；摇匀后，溶液由浅棕色变为啤酒色（如果变色不明显，可以滴加几滴稀硫酸），如图 5.30 所示。

（4）再向广口瓶内加入少量面包屑（或饼干屑或苹果片），如图 5.31 所示；略摇晃一下瓶子，溶液变成蓝色，如图 5.32 所示。

图 5.25 滴入碘伏

图 5.26 溶液显啤酒色

图 5.27 点燃火柴

图 5.28 溶液变无色

图 5.29 加双氧水

图 5.30 溶液变色

图 5.31 加入面包屑

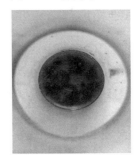

图 5.32 溶液变成蓝色

（5）把广口瓶中的溶液分少量到两支干净的试管中，如图 5.33 所示；一支放入一小粒维生素 C，振荡静置，如图 5.34 右边试管所示；一支滴加氢氧化钠溶液，如图 5.35 左边试管所示；振荡静置，蓝色皆褪尽，如图 5.36 手中试管所示。

图 5.33 分装

图 5.34 加维生素 C

图 5.35 滴加氢氧化钠

图 5.36 振荡变色

想一想

1．通过上面的碘伏探究活动，想想家里还有哪些用品可能会和碘伏产生类似的现象。

2．面包屑或饼干屑或苹果片中均含有什么成分？说明可以用碘单质检验食物中什么成分的存在？

温馨提示

1．实验过程必须在通风环境下操作，务必佩戴手套正确操作。

2．实验过程用到火柴，摩擦生火时要小心，不要烧到衣物或头发，千万别玩火。

3．严禁儿童单独操作，必须在专业人员指导下完成实验。

成果展示

通过探究活动，体验到碘伏的善变。随着环境的改变，碘伏先由啤酒色变成无色，接着由无色变回啤酒色，之后由啤酒色变成蓝色，最后由蓝色变成无色，经历了一番神奇之旅。碘伏由无色变蓝色，再由蓝色变无色，如图 5.37 所示。此时，您也可以让身边的亲朋好友来体验该变色魔术，分享您的成果，并拍成 DV 发到朋友圈，让更多的人分享这一成果。

图 5.37　前后对比

思维拓展

日常生活中，对皮肤进行杀菌消毒的药剂有很多，如酒精、碘酊和碘伏，还有双氧水等。碘伏的应用，还可以从哪些方面进行创新？其实，您还可以从装置、功能、配方、应用、拓展、药用等方面扩展创新思维形成您的创意，如图 5.38 所示为碘伏创新思维示意图。

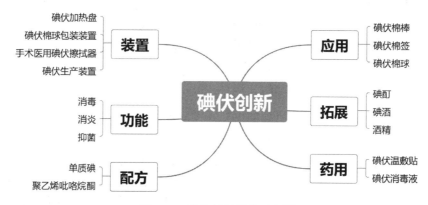

图 5.38　碘伏创新思维示意图

想创就创

贵州碘雅医疗器械有限公司的樊建胜发明了一种复合碘伏消毒液，其国家专利申请号：CN202110166709.9。

本发明公开了一种复合碘伏消毒液，涉及消毒液技术领域。本发明的消毒液包括以下质量份的组分：碘 0.9～4.2 份、碘化钾 0.5～0.8 份、氯己定 0.1～0.2 份、茶树油 0.5～1 份、丙三醇 0.5～0.8 份、消泡剂 0.3～0.5 份、纯化水 100～120 份、无根藤 1～5 份、十大功劳 2～8 份、三百棒 2～6 份、大血藤 1～5 份、透骨香 0.5～2 份。本发明的复合碘伏消毒液具有杀菌效果好、杀菌速度快、杀菌种类多的特点，且具有良好的稳定性，在消毒过程中可以有效完成对皮肤等部位进行如白色念珠菌、金黄色葡萄球菌、铜绿假单胞菌等常见病菌的消毒，既有效减少了医护消毒的劳动强度和时间，也能进一步防止患者伤口的感染。

请您下载该专利技术方案并认真阅读，找出它的创意和创新点，想想自己有什么启发。模仿以上专利技术创新方法，自己在家制作一种相关碘的消毒水。

第四节　"神水"变色析银魔术

知识链接

我们从苏轼的著名诗句"横看成岭侧成峰，远近高低各不同"中知道同一事物从不同角度去分析会得到不一样的认知。今天我们谈论的是化学现象，同一反应物在不同的环境下，会发生不一样的反应和得到不一样的现象。如硝酸银（$AgNO_3$）溶液和碘化钾（KI）溶液，如果直接混合，我们会观察到有黄色沉淀出现；如果硝酸银（$AgNO_3$）溶液与碘化钾（KI）溶液构成惰性电极的双液原电池，我们会观察到装碘化钾（KI）溶液的烧杯中滴入淀粉溶液后变蓝，装硝酸银（$AgNO_3$）溶液的烧杯中出现一层银灰色的漂浮物。两种方式的变化完全不一样，很神奇！为什么会这样呢？

原来，当硝酸银（$AgNO_3$）溶液和碘化钾（KI）溶液直接混合时发生：$Ag^+ + I^- = AgI\downarrow$（黄色沉淀）；当组成双液原电池时，负极反应式为：$2I^- - 2e^- = I_2$（$I_2$遇淀粉溶液变蓝）；正极反应式为：$2Ag^+ + 2e^- = 2Ag\downarrow$（液面有一层银灰色的漂浮物）。硝酸银溶液与碘化钾溶液直接混合反应，是因为溶液中自由的碘离子与自由的银离子相互结合生成了难溶于水的碘化银沉淀。同时碘离子本身具有较强的还原性，易失去 1 个电子，被氧化生成碘单质 I_2；银离子具有一定的氧化性，易得到 1 个电子被还原生成银单质；当两种离子不能直接接触时，一旦构成双液原电池，就能自发发生氧化还原反应。但不是所有相互间能直接结合生成沉淀的离子都能利用双液电池发生氧化还原反应的，需要具有还原性的离子和氧化性的离子同时存在，如氯化钡溶液和硫酸钠溶液就不能利用双液电池发生氧化还原反应，而氯化铁与碘化钾就可以通过构建双液电池发生氧化还原反应。

日常生活和学习中还有很多类似的神奇现象，有些是物理因素引起的，有些是化学因素引起的，我们需要不断学会发现和分析。特别是神奇的化学反应，正是化学学科的魅力所在。

项目任务

1．学会组装双液原电池，感悟"具体问题具体分析"的哲学思想。

2．了解同一反应物在不同条件下发生不一样反应的实证，学会分析反应原理。

探究活动

所需器材

试剂：0.1mol/L 的 $AgNO_3$ 溶液 50mL、0.1mol/L 的 KI 溶液 50mL、淀粉溶液。

仪器：2 支小试管、2 个小烧杯、1 个电流计、导线若干、2 个石墨电极（惰性电极）、1 个盐桥、1 个洗水瓶（装有干净水）、2 个胶头滴管。

探究步骤

（1）取 1 支干净的小试管，用胶头滴管滴入 10 滴左右（约 1mL）0.1mol/L 的 $AgNO_3$ 溶液，如图 5.39 所示；再用另一支胶头滴管吸取 0.1mol/L 的 KI 溶液，滴 10 滴左右到 $AgNO_3$ 溶液中，振荡，观察到小试管中产生黄色沉淀，如图 5.40 所示。

（2）取 2 个干净小烧杯，标记为 A 和 B，A 烧杯装入 30mL 0.1mol/L 的 AgNO₃ 溶液，B 烧杯装入 30mL 0.1mol/L 的 KI 溶液。取两根导线，一根蓝色，一根绿色（颜色没有特别要求，主要是为了方便区别和辨认）；蓝色导线一头夹接电流计负极，另一头夹接一条石墨电极；绿色导线一头夹接电流计正极，另一头夹接另一条石墨电极。接着取出 U 形盐桥，两烧杯间用盐桥搭建起来；最后将两条连线石墨电极同时插入烧杯中，其中接蓝线的石墨插入 B 杯（KI 溶液），接绿线的石墨插入 A 杯（AgNO₃ 溶液）。观察到电流计中指针偏向正极，A 杯（AgNO₃ 溶液）中溶液变成浑浊的灰白色，B 杯（KI 溶液）中无色溶液变成浅黄色，如图 5.41 所示。

 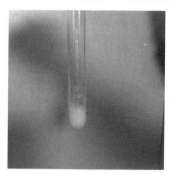 

图 5.39　AgNO₃ 溶液　　　　　图 5.40　溶液变黄色沉淀　　　　　图 5.41　双液原电池

（3）从 B 杯（KI 溶液）中取出 2mL 溶液，滴加几滴淀粉溶液，摇匀，观察到溶液逐渐变蓝，如图 5.42 所示。一段时间后，观察到 A 杯（AgNO₃ 溶液）液面有一层银灰色的漂浮物生成，如图 5.43 所示，漂浮物就是银单质。

图 5.42　加淀粉溶液变蓝色　　　　　图 5.43　银被还原出来

想一想

1. 双液电池使用石墨做电极，改成铁片或铜片做电极的话，现象一样吗？

2. 该探究活动换成氯化钡溶液和硫酸钠溶液，同上步骤一样改变反应途径，会得到什么不同现象？石墨电极的双液电池指针偏转吗？

温馨提示

1. 废液要回收集中处理，切勿直接倒入下水道，杜绝污染水源。

2. 严禁儿童单独操作，必须在专业人员指导下完成实验。

成果展示

当淀粉滴入从 B 杯（KI 溶液）取出的溶液中变蓝，装有 $AgNO_3$ 溶液的烧杯液面有一层银灰色的漂浮物生成时，说明"神水"变色析银魔术成功了。您可以让身边的亲戚、朋友来体验"神水"变色魔术，分享您的成果，也可以拍成 DV 发到朋友圈，让更多的人分享这一成果。

思维拓展

从"神水"变色析银魔术认识神奇的化学反应，了解化学学科的内涵。关于银的创新，还有哪些方面可以发明？其实，您还可以从工艺、品种、种类、应用、拓展等方面扩展创新思维形成您的创意，如图 5.44 所示为银的创新思维示意图。

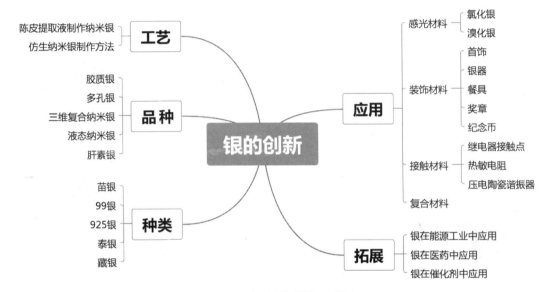

图 5.44　银的创新思维示意图

想创就创

安徽的徐志兵、李法松、宋磊等人发明了一种可见光还原银离子制备银纳米颗粒方法，其国家专利申请号：CN201310429586.9。

本发明公开了一种可见光还原银离子制备银纳米颗粒的方法，将可溶性银盐加入 5～100mg/L 的亚甲基蓝溶液中，然后在太阳光或人造可见光照射下搅拌 20～80 小时，即可将银离子还原为纳米银，经离心分离、干燥后，制备成银纳米颗粒。这种可见光还原银离子制备银纳米颗粒的方法具有制备工艺简单、成本低等特点，制备的银纳米颗粒能用于工业催化、抗菌材料等诸多领域。

请您下载该专利技术方案并认真阅读，找出它的创意和创新点，想想自己有什么启发。模仿以上专利技术创新方法，自己设计水变色魔术。

第五节 "大象牙膏"魔术

知识链接

"大象牙膏"真的是给大象刷牙的吗？当然不是，这里是描述某种物质反应产生的泡沫物质很大很长，像牙膏一样，故形容为大象牙膏。我们制造"大象牙膏"，主要用到双氧水、高锰酸钾、洗洁精三样试剂。反应原理是：双氧水不稳定，易分解，反应方程式为 $2H_2O_2=2H_2O+O_2\uparrow$，产生气体。高锰酸钾可以做双氧水的分解催化剂，加快反应速度，加快氧气的排放速度，从而使洗洁精产生大量的泡沫，冲出瓶颈，像挤牙膏一样。

在视觉方面，我们可以改变"牙膏"的颜色，往洗洁精里滴加几滴色素，可以产生各种令人心情愉悦的颜色"牙膏"。另外，泡沫里装的是氧气，氧气可以支持燃烧，如果泡沫够大，我们还可以用带火星的木条玩玩。

项目任务

1. 了解"大象牙膏"是对快速冒出的条状泡沫的形象描述。
2. 掌握如何控制快速产生气体泡沫的方法。

探究活动

所需器材： 胶头滴管、15%双氧水、高锰酸钾固体、洗洁精、小口直身塑料瓶。

图 5.45　加少许高锰酸钾

探究步骤

（1）先往小口直身塑料瓶中加入少许固体高锰酸钾，如图 5.45 所示；再一次性加入 5mL 洗洁精和 10mL 15%双氧水混合液，如图 5.46 所示。

（2）快速振荡塑料瓶，静置，如图 5.47 所示。

（3）观察"大象牙膏"现象的产生，如图 5.48 所示。

图 5.46　加混合液　　　　图 5.47　振荡后静置　　　　图 5.48　溢出的"大象牙膏"

想一想

1. 为了更好看、更好玩，可不可以往双氧水中加几滴色素？

2．用二氧化锰代替高锰酸钾可不可以？

温馨提示

1．固体高锰酸钾属于强氧化剂，切勿用手取用，操作时请佩戴手套。
2．严禁儿童单独操作，必须在专业人员指导下完成实验。

成果展示

先往小口直身塑料瓶中加入固体高锰酸钾，再一次性加入洗洁精和双氧水混合液，然后快速振荡塑料瓶，并静置一会，五颜六色的"大象牙膏"便从塑料瓶口喷出，如图 5.48 所示，证明你的"大象牙膏"魔术已经成功了。此时，您可以让身边的亲戚、朋友来体验"大象牙膏"魔术，分享您的成果，也可以拍成 DV 发到朋友圈，让更多的人分享这一成果。

思维拓展

"大象牙膏"魔术探索过程中，为了让"牙膏"更有膏状有硬度，可以尝试往混合液中加入少量增稠剂——海藻酸钠。利用气体使洗洁精发泡喷出实现"大象牙膏"现象，我们可以从调制各种发泡水创新"大象牙膏"魔术工艺。除此之外，还可以从哪些方面进行创新？其实，您还可以从容器、颜色、药水、发泡剂、催化剂等方面扩展创新思维形成您的创意，如图 5.49 所示为"大象牙膏"创新思维示意图。

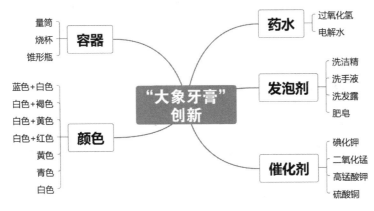

图 5.49 "大象牙膏"创新思维示意图

想创就创

辽宁省本溪市的周祉辰发明了一种"大象牙膏"实验用的反应装置，其国家专利申请号：CN201620520297.9。

本实用新型公开了一种"大象牙膏"实验用的反应装置，其特征在于，该反应装置包括中空圆筒形玻璃容器。所述玻璃容器顶部具有与内部流体连通的出口管，其相对侧壁上设置有第一药品入口管和第二药品入口管，底面呈开口向上的球面形，其下方还设置有承载它的底座。本实用新型的反应装置能够用来进行"大象牙膏"实验。

请您下载该专利技术方案并认真阅读，找出它的创意和创新点，想想自己有什么启发。模仿以上专利技术创新方法，改进"大象牙膏"实验。

第六节　导电灰烬魔术

知识链接

灰是草木等固体完全燃烧形成的粉尘状物质。我们最熟悉的就是草木灰，草木灰是由柴草烧制而成的灰肥，是一种质地疏松的热性速效肥，主要成分是碳酸钾。草木灰肥料是草本植物燃烧后的灰烬，因此，草木灰中几乎都含有植物所含的矿质元素。其中含量最多的是钾元素，一般含钾 5%～10%，以碳酸盐形式存在；其次是磷，一般含 2%～3%；还含有钙、镁、硅、硫和铁、锰、铜、锌、硼、钼等微量营养元素。另外，不同植物的灰分，其养分含量不同，以向日葵秸秆的含钾量为最高，除含速效性钾（5%～15%）外，还含有磷、钙、铁、镁、硫等有效养分。

貌似无热量、无生机的草木灰，实则还有大用途。草木灰在果树生产中具有广泛的用途。草木灰在农业中还有很多新的用途，如保鲜辣椒、储藏马铃薯及甘薯等，此法主要利用草木灰具吸湿、吸热、保温及抑制生物活动的功能。

将浸泡氯化铁溶液的滤纸晾干后点燃，会发生奇妙的化学变化。纸张中的碳元素与氯化铁在灼烧时发生了复杂的化学反应，反应过程中生成了四氧化三铁等物质，四氧化三铁有导电性和磁性。因此，魔术师通常利用四氧化三铁的导电性和磁性功能设计成好玩的小魔术。

项目任务

制作灰烬魔术。

探究活动

所需器材： 饱和氯化铁溶液，酒精灯（或煤气灶），火柴，滤纸，烧杯（或碗碟等容器），磁铁，镊子或坩埚钳，带发光二极管的小型电路（带 3V 电池如纽扣电池），盘子（或碟）。

探究步骤

（1）取一张滤纸放入容器内，滴入饱和氯化铁溶液充分浸润后，取出晾干，如图 5.50 所示。

（2）用镊子夹住滤纸一端，打开煤气炉开小火，点燃滤纸，生成黑色灰烬。在碗碟等容器中冷却灰烬，如图 5.51 所示。

（3）带发光二极管的小型电路（如 3V 纽扣电池）确保通电正常。用一根金属导线连接电池正极，用胶带固定，导线另一端连接二极管长脚，二极管长短脚适当掰开避免短路，二极管短脚直接连接纽扣电池负极，二极管发亮。

（4）断开线路，取一小纸片放于二极管短脚与纽扣电池负极之间，二极管不亮，说明普通的纸不能导电，如图 5.52 所示。

　　图 5.50　滤纸浸润　　　　　　图 5.51　滤纸灰烬　　　　　图 5.52　普通纸不能导电

（5）将纸片换成一小片完整的灰烬，二极管亮了，说明灰烬能够导电，如图 5.53 所示。

（6）取一些灰烬置于容器内，用磁铁靠近灰烬，磁铁吸住灰烬，如图 5.54 所示。

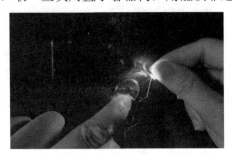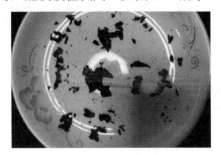

图 5.53 灰烬导电   图 5.54 磁铁吸附灰烬

想一想

1．氯化铁溶液可以用别的溶液替代吗？如何利用灰烬导电与磁性来设计趣味性的魔术？

2．研究表明灰烬成分有四氧化三铁，如何证明？

温馨提示

使用明火要注意安全。

成果展示

当您将电路中不导电的纸片换成一片完整的灰烬时，点亮发光二极管，灰烬被磁铁吸起来之后，说明您成功了。您可以让身边的亲戚、朋友来体验灰烬导电魔术，分享您的成果，也可以利用磁铁吸附开发成为隔空取灰烬魔术，并拍成 DV 发到朋友，让更多的人分享这一成果。

思维拓展

日常生活生产中，灰烬还有哪些功能？首先，灰烬具有去污功能，用草木灰可以洗去茶垢、油垢；其次，灰烬具有肥效，草木灰是重要的农作物肥料；再次，灰烬可以作为食品辅料，用一些特殊香味植物的灰烬加水溶解成碱水可以制作碱水粽，如客家地区的灰水粄、灰水黄粄、神仙豆腐；最后，灰烬可以作为一种药材，根据记载，草木灰主治腹中积聚、水肿、疣赘、黑痣、痈疽恶肉，多外用，常和石灰混合调匀点涂患处。灰烬还有哪些功能？其实，您还可以从应用、魔术、拓展、装置等方面扩展创新思维形成您的创意，如图 5.55 所示为灰烬应用创新思维示意图。

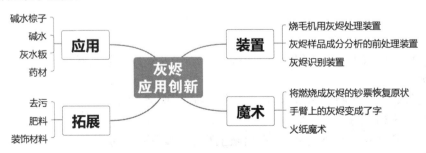

图 5.55 灰烬应用创新思维示意图

想创就创

陕西科技大学的李培枝、王江涛、杨晓武、李志刚等人发明了一种纸张灰烬定型方法，其国家专利申请号：CN201910360157.8。

本发明涉及一种警用勘验方法，具体涉及一种纸张灰烬定型方法，以解决现有技术存在的纸张灰烬强度低，难以保留形状，同时不方便获取灰烬上信息的问题。本发明方法的步骤为：① 将灰烬罩在与外界气压相同的相对密闭的容器中；② 利用超声波雾化装置将多胺雾化，在 3～5 分钟内输送 0.4～0.8g 的雾化多胺填充 0.1～0.3m³ 的容器空间，多胺在灰烬表面聚集成薄层；③ 利用超声波雾化装置将多异氰酸酯雾化，在 3～5 分钟内输送 0.4～0.8g 的雾化多异氰酸酯填充容器空间，多异氰酸酯在灰烬表面聚集成薄层；④ 利用红外灯加热容器空间，控制温度为 50℃～60℃，时间为 6～7 分钟；⑤ 重复步骤②③④ 3～5 次，片状灰烬即可定型。

请您下载该专利技术方案并认真阅读，找出它的创意和创新点，想想自己有什么启发。模仿以上专利技术创新方法，自己在家制作灰烬魔术或药用品。

第七节　"神水"显字魔术

知识链接

显色反应是化学反应中一类重要的反应，主要是指没有颜色的物质经化学反应后变成有色物质的反应，显色反应非常灵敏，所用试剂量比较少。常见的显色反应有很多种，如酚酞遇碱变红，淀粉遇碘单质变蓝，酚类遇 Fe^{3+} 显紫色，Fe^{3+} 遇 SCN^- 呈现血红色，Fe^{2+} 遇铁氰化钾 $K_3[Fe(CN)_6]$ 生成蓝色的沉淀等。

下面介绍三氯化铁与硫氰化钾的显色反应，硫氰化钾也叫硫氢酸钾，化学式为 KSCN，俗称玫瑰红酸钾、玫棕酸钾，属于化学试剂，用于合成化学用品，也常用作铁离子（Fe^{3+}）的指示剂。往含 Fe^{3+} 的溶液中滴入几滴 KSCN 后产生血红色絮状络合物，反应非常灵敏，三氯化铁和硫氰化钾反应的离子方程式为：$Fe^{3+}+3SCN^-=Fe(SCN)_3$（血红色）。拍戏时，场面需要大量的血液，可以用三氯化铁与硫氰化钾的显色反应来制备，成本低，效果逼真。生活中也可用于检验溶液中是否含有三价的铁离子。

项目任务

制作"神水"显字魔术。

探究活动

所需器材：白纸 1 张，毛笔 1 支，喷雾器 1 个，KSCN 溶液 1 瓶，$FeCl_3$ 固体 10g。

探究步骤

（1）准备好无色透明的 KSCN 溶液 1 瓶，$FeCl_3$ 固体 10g，一张白纸（白纸要干净），一支毛笔，如图 5.56 所示。

（2）用毛笔蘸取 KSCN 溶液，在白纸上写字，如写"生日快乐"，字体要大而清晰，如图 5.57 所示。

图 5.56　准备材料

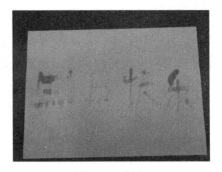

图 5.57　写字

（3）不要移动白纸，平放一段时间，把白纸晾干，直至看不到湿的字迹为止，如图 5.58 所示。

（4）把 10g $FeCl_3$ 固体溶解在 100mL 的水中，混合均匀，装入喷雾瓶内，往晾干的白纸上喷，字迹就会显现，喷瓶喷出的雾越细越好，如图 5.59 所示。

图 5.58　晾干白纸

图 5.59　喷雾显字

想一想

1. 能否反过来在纸上用 $FeCl_3$ 溶液写字，用硫氰化钾溶液来喷呢？
2. 日常生活中哪些东西含有三价的铁离子？

温馨提示

储存 KSCN 必须在阴凉干燥通风处，严禁食用。

成果展示

如图 5.60 所示，喷雾显字魔术可以大显身手，引起周围亲戚、朋友的围观。此时，您可以让身边的亲戚、朋友来体验喷雾显字魔术，分享您的成果，也可以拍成 DV 发到朋友圈，让更多的人分享这一成果。

图 5.60　"神水"显字

思维拓展

我们在电影上经常看到用白纸来传达秘信，然后经过特殊处理让字迹显示出来，这些就是利用了显色反应。显色反应除了做些小实验，还可以把它的反应原理拓展到其他用途上，如在分析化学的离子检验中，很难利用金属离子本身的颜色进行分析，一般选择适当的试剂，将待测离子转化为明显的有色物质，然后进行测定，这种做法在分析化学中应用非常普遍。除此之外，还可以做哪些创新？其实，您还可以从应用、方法、魔术、拓展、装置等方面扩展创新思维形成您的创意，如图 5.61 所示为"神水"写字创新思维示意图。

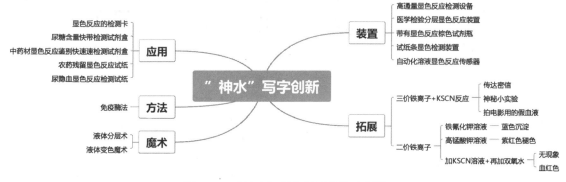

图 5.61　"神水"写字创新思维示意图

想创就创

天齐锂业（江苏）有限公司的周复、陈格、田欢、杨柳、徐川、邓红云、高宜宝等人发明了一种带有显色反应的棕色试剂瓶，其国家专利申请号：CN202022080674.0。

本实用新型带有显色反应的棕色试剂瓶，属于试剂瓶领域，目的是能实时监测试剂的变质情况。其包括瓶体和瓶盖，在瓶盖内设置有检测试纸做的试纸片，所述试纸片的直径大于瓶口的外径，盖顶与瓶口相对挤压试纸片，并经挤压后的试纸片封闭瓶口。本实用新型通过在瓶盖内设置试纸片，瓶盖设置成透明的盖顶，透过盖顶便可观察试纸片的颜色变化情况，提高了监测的连续性、持久性以及监测效率。试纸片能遮挡透过透明瓶盖的光线，避免光线透过瓶盖照射到瓶内的试剂而加速试剂变质。随着瓶盖旋转与瓶口固定时瓶盖上的试纸片被挤压出凹槽，使得瓶口和试纸片接触紧密，形成更好的密封效果，起到密封作用，而无须单独设置密封圈，从而降低了成本。

请您下载该专利技术方案并认真阅读，找出它的创意和创新点，想想自己有什么启发。模仿以上专利技术创新方法，自己在家制作显色反应试剂卡或小魔术。

第八节　橙皮汁破气球魔术

知识链接

柑橘是芸香科、柑橘属植物，性喜温暖湿润气候，耐寒性较柚、酸橙、甜橙稍强。芸香科柑橘亚科分布在北纬 $16°\sim37°$，是热带、亚热带常绿果树（除枳外），用作经济栽培的有三个属：枳属、柑橘属和金柑属。中国和世界其他国家栽培的柑橘主要是柑橘属。橘子等柑橘属的果皮上有一种特殊的物质，在它们的表皮上密密麻麻地分布着一个个的小孔，这些就是它们的油脂腺，在这些孔里会分泌出一种植物性的芳香油类物质，对乳胶的溶解性很强。挥发油中的这类非极性的物质可以充当有机溶剂，渗入同样非极性的橡胶分子之间，让气球膜的结构破坏，挥发油也可以溶解泡沫塑料，因泡沫塑料的组成与气球膜类似。

　　要让橙皮汁爆破气球，首先，果皮的选择很重要。从理论上说，无论是橘子、橙子、柚子还是柠檬，只要是柑橘类水果都应该能从果皮中挤出这种挥发油，不过选择哪种皮还是会影响挤压的效果。不推荐的果皮是橘子，主要原因是橘子皮薄并且容易折断。我们挤压果皮的动作一般是通过弯曲来对果皮持续施压，只有保持弯曲而不断裂才能挤出比较多的挥发油。橙子皮会比较好挤。另外水果的新鲜程度也比较重要，越是新鲜饱满的皮就越好挤。其次是气球的选择，优先选择较薄的，如果较厚，则要吹胀一点儿，使气球尽量撑开到高张力的状态，比较容易爆破。气球材质也有差异，气球一部分是天然乳胶材质，也有一些是硫化橡胶，而硫化在橡胶分子链之间制造了交联，这就使橡胶膜变得更加牢固、难溶，故不宜选择硫化橡胶气球。气球厚度有差异，橙皮中的挥发油量不多，不足以破坏厚实的气球膜，故宜选择较薄的气球。综合来讲，最容易爆破成功的是小气球，这种气球膜比较薄，很容易达到一个高张力的状态。

项目任务

　　探究橙皮汁爆破气球。

探究活动

　　所需器材： 新鲜橙皮、水果刀、气球、打气筒。

　　探究步骤

　　（1）首先将气球吹大，口扎紧，如图 5.62 所示；将气球固定，如图 5.63 所示。

图 5.62　打气球

图 5.63　将气球固定

　　（2）用水果刀切下一小块新鲜橙皮，如图 5.64 所示。

　　（3）对着气球挤压新鲜橙皮，如图 5.65 所示；将新鲜橙皮中挤出的汁液喷在气球上，如图 5.66 所示；经过一段时间后气球发生爆炸，如图 5.67 所示。

　　（4）"隔空破气球"小魔术。一只气球放在桌子上，表演者站在桌子旁边，两只手放在气球上方，左手做动作吸引大家关注气球，右手挤压橙子皮，隔空朝着气球方向挤，让汁液碰到气球。

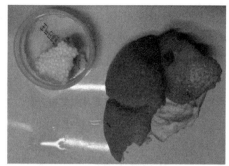

图 5.64　新鲜橙皮

图 5.65　对着气球挤压新鲜橙皮

图 5.66　橙汁液喷在气球上

图 5.67　气球爆炸

想一想

1. 橙皮汁液与气球接触，气球为什么爆炸？柚子皮呢？
2. 大蒜汁液、洋葱汁液也是辛辣的，能够破气球吗？

温馨提示

1. 用橙皮汁液点破气球时，请勿靠近眼睛，建议戴上护目镜。
2. 严禁儿童单独操作，必须在专业人员指导下完成实验。

成果展示

用橙皮汁点破气球，如图 5.67 所示，说明您的项目成功了。您还可以将探究过程拍摄下来制作成小视频，让您身边的亲戚、朋友来体验橙皮汁点破气球魔术，分享您的探究成果。您也可以拍成 DV 发到朋友圈，让更多的人分享这一成果。

思维拓展

先把两只气球放在桌子上，表演前表演者两只手上捏两大块橙子皮，让手上沾上橙皮汁，站在桌子旁边，然后对大家说："你相信魔力吗？今天我不用吹灰之力点破这个气球，大家相信吗？"先让观众摸一下气球确认是完好的气球，接着表演者先用左手摸一下气球，一点即破，再用右手摸一下，也一下破了。这就是魔力之手小魔术。

橙皮汁可以做哪些方面的创新？其实，您可以从装置、小魔术、拓展、药用、生活等方面扩展创新思维形成您的创意，如图 5.68 所示为橙皮汁破气球创新思维示意图。

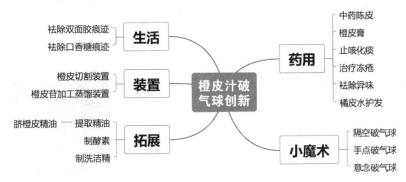

图 5.68 橙皮汁破气球创新思维示意图

想创就创

江西田润农业发展有限公司的皱笃敏发明了一种脐橙皮切割装置，其国家专利申请号：ZL202120375840.1。

本实用新型提供一种脐橙皮切割装置，包括第一电动推杆、横梁板、固定支架、第一支承机架、切割平台以及支撑腿。切割平台下侧安装有支撑腿，切割平台上端面左侧安装有第一支承机架，第一支承机架内部右侧安装有从动轴，从动轴右端安装有夹持板，切割平台上侧安装有固定支架，固定支架上侧安装有横梁板，横梁板上侧安装有第一电动推杆，第一电动推杆下侧安装有削皮刀架，削皮刀架下侧安装有削皮刀片，切割平台下侧安装有第二电动推杆，第二电动推杆上侧安装有切割刀架，切割刀架上侧安装有切割刀片。该设计解决了原有脐橙手动剥皮速度较慢的问题。本实用新型结构合理，剥皮速度快，切割便捷。

请您下载该专利技术方案并认真阅读，找出它的创意和创新点，想想自己有什么启发。柑橘类果皮汁中含有柠檬烯，请大家在家制作一个果皮削皮装置或做一次柠檬汁破气球实验。

第九节 维生素 C 茶水变色魔术

知识链接

绿矾是一种硫酸亚铁（$FeSO_4$）晶体，亚铁盐在水溶液中很容易被氧化而生成三价的铁盐。同时，茶水中含有鞣酸，鞣酸与三价铁能结合生成黑色的鞣酸铁。而草酸（$H_2C_2O_4$）是有机酸，具有还原性，它能把鞣酸铁中的铁还原成二价铁，从而使鞣酸铁的黑色完全褪尽。

维生素 C 茶水变色魔术主要应用维生素 C 的还原性。因为茶水中含有鞣酸，鞣酸能与三价铁离子结合生成黑色的鞣酸铁。维生素 C 属于有机酸，具有强还原性，能把鞣酸铁中的铁还原为二价亚铁，从而使鞣酸铁的黑色完全褪尽。

维生素 C 在碱性条件下不能稳定存在，容易被空气中的 O_2 氧化，维生素 C 被氧化失效了，茶水中的二价亚铁又被空气中的 O_2 氧化为三价铁，茶水变为黑色。由于维生素 C 在酸性条件下，能慢慢恢复其活性，此时，往茶水中加入足量的酸，会再把三价铁还原为二价，因此黑色的茶水又褪色，此过程需要的酸比较多，且时间较长。

注意，在碱性条件下，维生素 C 容易被氧化成脱氢维生素 C，此反应是可逆的，当加入足量的酸，可以恢复其还原性，但脱氢维生素 C 若继续被氧化，生成二酮古乐糖酸，则反应不可逆且完全失去生理效能。

项目任务

制作维生素 C 茶水变色魔术。

探究活动

所需器材：氯化铁溶液（或氯化铁固体），脉动维生素饮料（或维生素 C 药片），氨水（或食用碱），醋酸（或其他酸），食盐，滴管，试管，小塑料瓶（或小玻璃瓶）。

探究步骤

（1）取半杯浅棕色的绿茶水，如图 5.69 所示；然后滴

图 5.69　绿茶水

入一滴氯化铁溶液（或投入一小颗氯化铁固体），茶水立刻就变成黑色，如图 5.70 所示。

（2）取 5mL 左右黑色茶水存于试管 1，如图 5.71 所示；在试管 1 中滴入脉动维生素饮料（或维生素 C 药片），茶水又慢慢变为浅色，最后恢复成原来的浅棕色色泽。

（3）取 5mL 左右黑色茶水存于试管 2，取四分之三片维生素 C 药片并磨碎加入试管 2 中，振荡，茶水很快恢复成原来的浅棕色色泽，如图 5.72 所示。

图 5.70　茶水变黑色

图 5.71　取少量黑色茶水滴入试管 1

图 5.72　加入维生素 C

（4）取 5mL 左右黑色茶水存于试管 3，加入少量草酸晶体，振荡，茶水也很快恢复成原来的浅棕色色泽，如图 5.73 所示。

（5）在试管 2 中再加入氨水等碱性溶液，茶水又变成了深色的"黑墨水"，如图 5.74 所示；再加入较多醋酸，茶水又变成了清亮的浅棕色，如图 5.75 所示。

图 5.73　试管 3 加入草酸

图 5.74　滴入少量氨水

图 5.75　试管 2 中滴入醋酸

想一想

1. 氯化铁遇到茶水为什么变黑？苹果切片后容易变色，放入淡柠檬水中浸泡取出对比，

是否会延缓苹果变色？为什么？

2．补铁剂的说明中通常会建议与维生素 C 药片同时服用，提高铁的吸收效率，为什么？

温馨提示

1．剩余的草酸固体不要随意倒掉，可以装回瓶中。

2．做完魔术的茶水不能饮用。

成果展示

当您成功实现茶水变色现象之后，设计应用场景，达成刘谦表演茶水变色魔术的效果。此时，您可以让身边的亲戚、朋友来试做茶水变色魔术，分享您的成果，也可以拍成 DV 发到朋友圈，让更多的人分享这一成果。

思维拓展

变色魔术是利用两种物质发生了化学反应，生成另一种有色物质的原理。在化学反应中，有很多变色的反应，像酚酞是无色溶液，当遇到碱时会变为红色；石蕊是紫色溶液，当遇到酸溶液时会变为红色，遇到碱溶液时会变为蓝色。

除了维生素 C 与茶水结合可以做成变色魔术，魔术还可以从哪些方面进行创新？其实，您还可以从道具、装置、工艺、包装、拓展等方面扩展创新思维形成您的创意，如图 5.76 所示为魔术创新思维示意图。

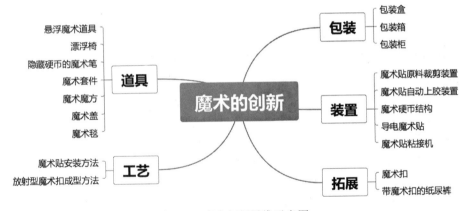

图 5.76　魔术创新思维示意图

想创就创

沈阳医学院的张卓、王欢、马晓宇、张卓、邓丽丽、王主等人共同发明了一款温感变色魔术贴，其国家专利申请号：ZL201920386431.4。

本实用新型公开了一款温感变色魔术贴，主要涉及生活用品技术领域，包括黏胶层和黏胶保护纸。所述黏胶层与黏胶保护纸粘贴，所述黏胶层上粘贴有单向遮光层，所述单向遮光层的内部固定有温度感应层，所述温度感应层包括温感材料，所述温感材料的外侧设有保护囊，所述保护囊与单向遮光层固定连接，所述单向遮光层的外部固定有防水层。本实用新型的有益效果在于：它能贴附在发热物体或者盛放高温液体的容器表面，用于显示所接触物体表面（亦可反映物品内部散发出来的温度）的大概温度范围，使人们更直观地观察物体表面的温度，避免烫伤事件的发生。

请您下载该专利技术方案并认真阅读，找出他的创意和创新点，想想自己有什么启发。想创就创，结合以上专利技术创新方法，在家做一个变色魔术。

本章学习与评价

一、选择题

1. 当光束通过胶体时，可以看到一条光亮的"通路"，这是由于胶体粒子对光线散射形成的。我们把这种现象叫作丁达尔效应。丁达尔效应可被用来区分胶体和溶液。下列不属于胶体的是（　　）。

    A. 夜空　　　　　　B. 牛奶　　　　　　C. 淀粉溶液　　　　D. 饱和食盐水

2. 在"牛奶分层魔术"中，牛奶属于胶体，而用到的可乐却是溶液。关于溶液与胶体，下列描述正确的是（　　）。

    A. 两者都能产生丁达尔现象

    B. 两者都不能产生丁达尔现象

    C. 溶液能产生丁达尔现象，胶体不能产生丁达尔现象

    D. 溶液不能产生丁达尔现象，胶体能产生丁达尔现象

3. 在"神奇的碘钟魔术"中，用到碘单质的特性：碘单质能使淀粉变蓝。日常生活中，我们用到加碘盐，这里的"碘"指的是（　　）。

    A. KI　　　　　　　B. KIO_3　　　　　C. I_2　　　　　　D. 碘酊

4. 在"碘伏大变脸"魔术中，充分体现了碘的活泼性质，火柴燃烧后能使碘酒变无色，是因为 $I_2 \rightarrow I^-$，体现碘单质具有（　　）。

    A. 还原性　　　　　　　　　　　B. 酸性

    C. 氧化性　　　　　　　　　　　D. 既有氧化性又有还原性

5. "大象牙膏魔术"是通过化学反应迅速产生气体，使表面活性剂产生泡沫，沿瓶口涌动而出形成的条状物。其中产生的气体是（　　）。

    A. 氢气　　　　　　B. 氮气　　　　　　C. 二氧化碳　　　　D. 氧气

6. "导电灰烬魔术"中提到草木灰，主要成分是（　　）。

    A. 氧化钙　　　　　B. 氢氧化钠　　　C. 碳酸钾　　　　　D. 碳酸钠

7. 在水溶液中或熔融状态下能导电的化合物，我们称为电解质。下列不属于电解质的是（　　）。

    A. KI　　　　　　　B. 酒精　　　　　C. 氢氧化钠　　　　D. 碳酸钠

8. 在本章多个探究活动中都用到碘单质，下列不属于碘单质性质的是（　　）。

    A. 碘单质可以区分淀粉溶液与蛋白质溶液

    B. 碘单质易升华

    C. 碘单质具有氧化性也具有还原性

    D. 碘单质极易溶于水

9. 对表 5.2 所示的现象或事实的解释正确的是（　　）。

表 5.2　现象或事实的解释

选　项	现象或事实	解　释
A	用热的烧碱溶液洗去油污	Na_2CO_3 可直接和油污反应
B	漂白粉在空气中久置变质	漂白粉中的 $CaCl_2$ 与空气中的 CO_2 反应生成 $CaCO_3$
C	施肥时，草木灰（有效成分为 K_2CO_3）不能与 NH_4Cl 混合使用	K_2CO_3 与 NH_4Cl 反应生成氨气会降低肥效
D	$FeCl_3$ 溶液可用于铜质印刷线路板制作	$FeCl_3$ 能从含有 Cu^{2+} 的溶液中置换出铜

二、填空题

1．在"神水变色析银魔术"中，$AgNO_3$-KI 构成的双液原电池中，发生的总反应为：$2Ag^+ + 2I^- = 2Ag\downarrow + I_2$，则负极反应式为：_____。

2．（2015 国乙 11 改编）微生物电池是指在微生物的作用下将化学能转化为电能的装置，其工作原理如图 5.77 所示。

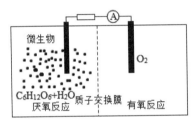

图 5.77　化学能转化为电能的装置

（1）正极反应中有_____生成。

（2）微生物促进了反应中电子的转移，起到_____作用。

（3）质子通过交换膜从_____区移向_____区。

（4）电池总反应为：_____。

3．锂离子电池的应用很广，其正极材料可再生利用。某锂离子电池正极材料有钴酸锂（$LiCoO_2$）、导电剂乙炔黑和铝箔等。充电时，该锂离子电池负极发生的反应为 $6C + xLi^+ + xe^- = Li_xC_6$。现欲利用如图 5.78 所示工艺流程回收正极材料中的某些金属资源（部分条件未给出）。

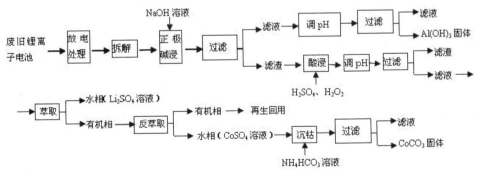

图 5.78　回收正极材料工艺流程

回答下列问题：

（1）$LiCoO_2$ 中，Co 元素的化合价为_____。

（2）写出"正极碱浸"中发生反应的离子方程式：＿＿＿＿＿＿＿＿＿＿＿＿＿＿＿＿。

（3）"酸浸"一般在 80℃下进行，写出该步骤中发生的所有氧化还原反应的化学方程式：

＿＿＿＿＿＿＿＿＿＿＿＿＿＿＿＿＿；可用盐酸代替 H_2SO_4 和 H_2O_2 的混合液，但缺点是

＿＿＿＿＿＿＿＿＿＿＿＿＿＿＿。

（4）写出"沉钴"过程中发生反应的化学方程式：＿＿＿＿＿＿＿＿＿＿＿＿。

（5）充放电过程中，发生 $LiCoO_2$ 与 $Li_{1-x}CoO_2$ 之间的转化，写出放电时的电池反应方程式：＿＿＿＿＿＿＿＿＿＿＿＿＿＿＿＿＿＿。

（6）上述工艺中，"放电处理"有利于锂在正极的回收，其原因是＿＿＿＿＿＿＿＿＿＿＿。在整个回收工艺中，可回收到的金属化合物有＿＿＿＿＿＿＿＿＿＿＿＿（填化学式）。

4．碘及其化合物在合成杀菌剂、药物等方面具有广泛用途。回答下列问题：

（1）大量的碘富集在海藻中，用水浸取后浓缩，再向浓缩液中加 MnO_2 和 H_2SO_4，即可得到 I_2。该反应的还原产物为＿＿＿＿＿＿＿＿＿＿＿＿。

（2）上述浓缩液中含有 I^-、Cl^- 等离子。取一定量的浓缩液，向其中滴加 $AgNO_3$ 溶液，当 AgCl 开始沉淀时，溶液中 $\dfrac{c(I^-)}{c(Cl^-)}$ 为＿＿＿＿＿＿＿。已知 $Ksp(AgCl)=4.8×10^{-10}$，$Ksp(AgI)=8.5×10^{-17}$。

5．【2019 年全国 1 卷 26】硼酸（H_3BO_3）是一种重要的化工原料，广泛应用于玻璃、医药、肥料等工艺。一种以硼镁矿（含 $Mg_2B_2O_5·H_2O$、SiO_2 及少量 Fe_2O_3、Al_2O_3）为原料生产硼酸及轻质氧化镁的工艺流程如图 5.79 所示。

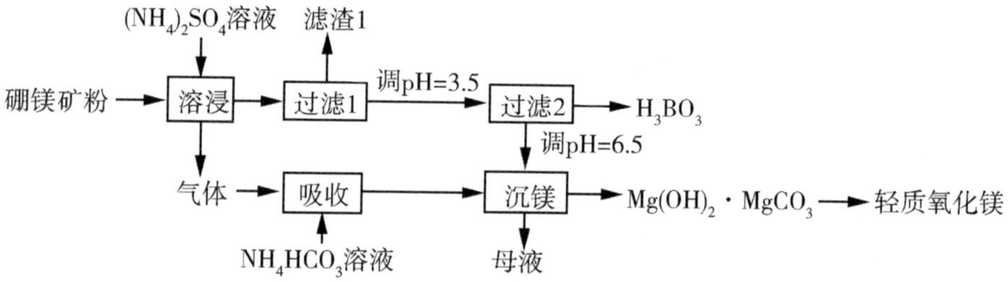

图 5.79　生产硼酸及轻质氧化镁的工艺流程

回答下列问题：

（1）在 95℃"溶浸"硼镁矿粉，产生的气体在"吸收"中反应的化学方程式为＿＿＿＿＿＿＿＿＿＿＿＿＿＿＿＿＿。

（2）"滤渣 1"的主要成分有＿＿＿＿＿＿＿＿。为检验"过滤 1"后的滤液中是否含有 Fe^{3+} 离子，可选用的化学试剂是＿＿＿＿＿＿＿＿。

（3）根据 H_3BO_3 的解离反应：$H_3BO_3+H_2O \rightleftharpoons H^+ + B(OH)_4^-$，$K_a=5.81×10^{-10}$，可判断 H_3BO_3 是＿＿＿＿＿＿酸；在"过滤 2"前，将溶液 pH 调节至 3.5，目的是＿＿＿＿＿＿＿＿＿＿＿＿＿。

（4）在"沉镁"中生成 $Mg(OH)_2·MgCO_3$ 沉淀的离子方程式为＿＿＿＿＿＿＿＿＿＿＿＿＿＿＿，母液经加热后可返回＿＿＿＿＿＿＿＿＿＿＿＿＿＿工序循环使用。由碱式碳酸镁制备轻质氧化镁的方法是＿＿＿＿＿＿＿＿＿＿＿＿＿。

三、实验题

1．（2021 广东 17 节选）含氯物质在生产生活中有重要作用。1774 年，舍勒在研究软锰矿（主要成分是 MnO_2）的过程中，将它与浓盐酸混合加热，产生了一种黄绿色气体。1810 年，戴维确认这是一种新元素组成的单质，并命名为 chlorine（中文命名"氯气"）。

（1）实验室沿用舍勒的方法制取 Cl_2 的化学方程式为_____。

（2）如图 5.80 所示，实验室制取干燥 Cl_2 时，净化与收集 Cl_2 所需装置的接口连接顺序为_____。

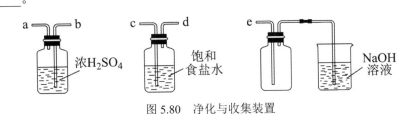

图 5.80　净化与收集装置

（3）某氯水久置后不能使品红溶液褪色，可推测氯水中_____已分解。检验此久置氯水中 Cl⁻ 存在的操作及现象是_____。

2．（2021 全国 9）氧化石墨烯具有稳定的网状结构，在能源、材料等领域有着重要的应用前景，通过氧化剥离石墨制备氧化石墨烯的一种方法如图 5.81 所示。

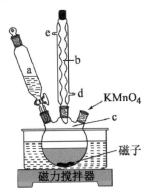

图 5.81　制备氧化石墨烯

I．将浓 H_2SO_4、$NaNO_3$、石墨粉末在 c 中混合，置于冰水浴中，剧烈搅拌下，分批缓慢加入 $KMnO_4$ 粉末，塞好瓶口。

II．转至油浴中，35℃搅拌 1 小时，缓慢滴加一定量的蒸馏水。升温至 98℃并保持 1 小时。

III．转移至大烧杯中，静置冷却至室温。加入大量蒸馏水，而后滴加 H_2O_2 至悬浊液由紫色变为土黄色。

IV．离心分离，稀盐酸洗涤沉淀。

V．蒸馏水洗涤沉淀。

VI．冷冻干燥，得到土黄色的氧化石墨烯。

回答下列问题：

（1）装置图中，仪器 a、c 的名称分别是_____、_____，仪器 b 的进水口是_____（填字母）。

（2）步骤 I 中，需分批缓慢加入 $KMnO_4$ 粉末并使用冰水浴，原因是_____。

（3）步骤 II 中的加热方式采用油浴，不使用热水浴，原因是_____。

（4）步骤 III 中，H_2O_2 的作用是_____（以离子方程式表示）。

（5）步骤 IV 中，洗涤是否完成，可通过检测洗出液中是否存在 SO_4^{2-} 来判断。检测方法是_____。

（6）步骤 V 可用 pH 试纸检测来判断 Cl^- 是否洗净，其理由是_____。

参 考 文 献

[1] 刘会平，季玲，韩智飞，等．一种快速腌制无铅松花蛋的方法：201010587188.6[P]．2011-04-20.

[2] 刘华桥．一种盐分适宜的咸鸭蛋腌制方法：200710052651.5[P]．2008-01-09.

[3] 卢晓明，司伟达，王旭清，等．一种烟熏鸡蛋及其制备方法：201110170578.8[P]．2012-12-26.

[4] 唐宏楷．一种酸豆角的制备方法：201410697024.7[P]．2015-02-18.

[5] 黄辉，王彤，杨勇，等．利用家用豆腐机制作豆腐花和豆腐的方法：201210070158.7[P]．2013-09-18.

[6] 李雪梅，罗凯文．新型双皮奶及其制备方法：200810028879.5[P]．2010-08-18.

[7] 王春雷，何勇，李正华，等．绿茶奶茶及其制备方法：201410174923.9[P]．2014-07-16.

[8] 李元勋．一种对酒精性肝损伤具有保护作用的碳酸饮料的制备方法：201510014078.3[P]．2015-04-08.

[9] 赵娇敏．生日蛋糕：201720937910.1[P]．2018-02-23.

[10] 王晓云，童若雷，胡梅丹，等．无铝添加剂油条及制作方法：200910155616.5[P]．2010-06-30.

[11] 黄海阳，程宏辉，周福生，等．一种复方中药乌发防脱洗发水及其制备方法：201810879075.X [P]．2018-10-23.

[12] 赵永国．一种薄荷膏及其制备工艺：201510071443.4[P]．2015-06-03.

[13] 裘炳毅，高志红．现代化妆品科学与技术[M]．北京：中国轻工业出版社，2016.

[14] 盖云．一种中药保湿护手霜及其制备方法：201810927336.0[P]．2021-05-11.

[15] 秦冬妹．一种从桉树叶中提取桉精油的方法：201610931620.6[P]．2017-01-11.

[16] 陈俊平．一种脐橙精油提取装置：201721770767.8[P]．2018-08-28.

[17] 谭荣威，田振祥，樊东阳，等．一种生姜精油及其制备方法：201610891592.X[P]．2017-02-22.

[18] 仇佩虹，周晓丹，贾继南．一种止痒驱蚊水胶体敷贴的制备方法：201110128275.X[P]．2013-03-20.

[19] 王士生，王胜华，王青山，等．一种84消毒液生产用混合装置：202022267958.0[P]．2021-06-25.

[20] 余德华，余卓希．一种柠檬膏的制备方法：202110993149.4[P]．2021-12-28.

[21] 周杰，张雪兰，吴浪，等．一种含猪血抑菌剂的复合免洗洗手液及其制备方法：201410202512.6[P]．2014-07-30.

[22] 赵丹青．一种纯天然漱口水及其制备方法：201510332931.6[P]．2017-01-11.

[23] 陈家新．一种新型唇膏：201720044993.1[P]．2017-09-12.

[24] 黄友阶．一种洗衣液及其制备方法：201310134861.4[P]．2013-08-07.

[25] 刘洋. 一种用于浴室与洁具的特效清洁剂：201910566845.X[P]. 2019-08-30.

[26] 杨利超，张磊，夏燕敏，等. 一种香皂的制造方法：200810220380.4[P]. 2009-06-03.

[27] 陈磊，赵玉蕾. 盐桥持久型猕猴桃电池：201720642679.3[P]. 2018-05-08.

[28] 周忠发. 氢氧燃料电池：201720083940.0[P]. 2017-08-29.

[29] 焦莹，刘建军. 家用绿色节能小型铝空气电池产品设计研究——老年专用 LED 智能起夜灯设计[J]. 美术大观，2016（5）：126.

[30] 刘晴. 基于项目的 STEM 活动设计一例——为新能源汽车制作铝空气电池[J]. 化学教与学，2018（8）：13-17.

[31] 张启辉. 铝空气电池电解液、铝空气电池及其制作方法：201710370405.8[P]. 2021-01-15.

[32] 马骉，栾美丽，孔双泉，等. 一种止血消毒剂及其制备方法：200910087427.9[P]. 2010-12-29.

[33] 周细阳. 一种电子蜡烛：201922078909.X[P]. 2020-10-16.

[34] 沈新辉. 一种餐馆用固态酒精燃炉：202020092273.4[P]. 2020-01-16.

[35] 戴红莲，焦佳佳，徐超，等. 一种海藻酸钠基水凝胶及其制备方法：201610814701.8[P]. 2016-09-09.

[36] 廖芸健. 一种自发热食用小火锅：201711208824.8[P]. 2018-05-04.

[37] 闫石，李成法，张所硕，等. 一种多波长冷光烟花用金属合金粉体及其制备方法：201910216398.5[P]. 2019-06-21.

[38] 张金玉. 一种制备石墨烯的方法及装置：201710206112.6[P]. 2021-10-22.

[39] 王毓芳. 一种指纹挂号方法：201711010269.8[P]. 2018-04-10.

[40] 王海彬. 一种安全无毒的亮彩泡泡液：201910652299.1[P]. 2021-04-27.

[41] 楼丹. 一种防盗爆炸面粉球：201220124005.1[P]. 2012-10-10.

[42] 张诚，张鹏，施艺，等. 一种海绵城市雨水花园湿生木本植物用水中种植结构：202020773898.7[P]. 2021-04-20.

[43] 陈雪芳，赵经纬. 一种双面胶清除器：201721332538.8[P]. 2018-05-22.

[44] 汪月霞. 一种环保酵素的制备方法：201811133064.3[P]. 2020-04-03.

[45] 刘云鹏，王安平，刘卫星. 一种透明包装分层果酱酸牛奶及其制备方法：200910260320.X[P]. 2012-09-05.

[46] 黄泽彬，刘箐勃，崔风路，等. 一种基于 VC 碘钟反应的智能小车：201922178879.X[P]. 2021-01-29.

[47] 徐志兵，李法松，宋磊. 一种可见光还原银离子制备银纳米颗粒方法：201310429586.9[P]. 2014-01-01.

[48] 周祉辰. 一种大象牙膏实验用的反应装置：201620520297.9[P]. 2017-02-08.

[49] 李培枝，王江涛，杨晓武，等. 一种纸张灰烬定型方法：201910360157.8[P]. 2021-03-26.

[50] 周复，陈格，田欢，等. 带有显色反应的棕色试剂瓶：202022080674.0[P]. 2021-04-27.

[51] 皱笃敏. 一种脐橙皮切割装置：202120375840.1[P]. 2021-10-29.

[52] 张卓，王欢，马晓宇，等. 一款温感变色魔术贴：201920386431.4[P]. 2019-10-01.